冶金职业技能培训丛书

高炉煤气除尘与热风炉实践

葛荣华　编著

北　京
冶金工业出版社
2017

内 容 提 要

本书以问答形式介绍了高炉煤气除尘与热风炉实践经验，对生产中碰到的实际问题，具有重要的指导和借鉴作用。全书分10章，主要内容包括高炉煤气除尘及使用、热风炉结构、热风炉提高风温的途径、热风炉操作、热风炉耐火材料、热风炉设备、热风炉电气、计算机与仪表、热风炉故障处理及设备维护、高炉其他知识以及先进操作法等内容。

本书可供从事高炉煤气除尘和热风炉的技术人员和管理人员参考，也可作为职业院校相关专业学生的培训教材。

图书在版编目(CIP)数据

高炉煤气除尘与热风炉实践/葛荣华编著. —北京：冶金工业出版社，2017.4
(冶金职业技能培训丛书)
ISBN 978-7-5024-7485-0

Ⅰ.①高… Ⅱ.①葛… Ⅲ.①高炉煤气—除尘—问题解答 ②热风炉—问题解答 Ⅳ.①TF547-44 ②TF578-44

中国版本图书馆CIP数据核字（2017）第063678号

出 版 人 谭学余
地　　址 北京市东城区嵩祝院北巷39号 邮编 100009 电话 (010)64027926
网　　址 www.cnmip.com.cn 电子信箱 yjcbs@cnmip.com.cn
责任编辑 杜婷婷 美术编辑 吕欣童 版式设计 孙跃红
责任校对 石 静 责任印制 李玉山
ISBN 978-7-5024-7485-0
冶金工业出版社出版发行；各地新华书店经销；三河市双峰印刷装订有限公司印刷
2017年4月第1版，2017年4月第1次印刷
850mm×1168mm 1/32；8印张；213千字；222页
32.00元

冶金工业出版社 投稿电话 (010)64027932 投稿信箱 tougao@cnmip.com.cn
冶金工业出版社营销中心 电话 (010)64044283 传真 (010)64027893
冶金书店 地址 北京市东四西大街46号(100010) 电话 (010)65289081(兼传真)
冶金工业出版社天猫旗舰店 yjgycbs.tmall.com

序

新的世纪刚刚开始，中国冶金工业就在高速发展。2002年中国已是钢铁生产的“超级”大国，其钢产总量不仅连续七年居世界之冠，而且比居第二和第三位的美、日两国钢产量总和还高。这是国民经济高速发展对钢材需求旺盛的结果，也是冶金工业从20世纪90年代加速结构调整，特别是工艺、产品、技术、装备调整的结果。

在这良好发展势态下，我们深深地感觉到要适应这一持续走强要求的人员素质差距之感。当前不仅需要运筹帷幄的管理决策人员，需要不断开发创新的科技人员，更需要适应这新一变化的大量技术工人和技师。没有适应新流程、新装备、新产品生产的熟练技师和技工，我们即使有国际先进水平的装备，也不能规模地生产出国际先进水平的产品。为此，提高技工知识水平和操作水平需要开展系列的技能培训。

冶金工业出版社根据这一客观需要，为了配合职业技能培训，组织国内有实践经验的专家、技术人员和院校老师编写了《冶金职业技能培训丛书》，以支持各钢铁企业、中国金属学会各相关组织普及和培训工作的需要。这套丛书按照不同工种分类编辑成册，各册根据不同工种的特点，从基础知识、操作技能技巧到事故防范，采用一问一答形式分章讲解，语言简练，易读易懂易记，适合于技术工人阅读。冶金工业出版社的这一努力是希望为更好发展冶金工业而做出的贡献。感谢编著者和出版社的辛勤劳动。

借此机会，向工作在冶金工业战线上的技术工人同志们致意，感谢你们为行业发展做出的无私奉献，希望不断学习适应时代变化的要求。

原冶金工业部副部长

中国金属学会理事长

2003年6月18日

前　言

进入21世纪，我国高炉炼铁工业得到快速发展，同时对环境保护也提出了新的更高的要求。为了适应新形势下钢铁工业发展的需要，高炉热风炉设备和高炉煤气除尘设备也不断更新，这样就要有适应新设备的职业技术人员来操作。由于高炉煤气除尘与热风炉工艺操作技术类书籍比较缺乏，尤其是在实践经验的总结上几乎空白，特别是新发展起来的环保节能设备和高炉煤气干法布袋除尘设备等。各钢铁企业主要是通过传、帮、带来培养新技术工人，普遍存在工艺操作技术力量和培训辅导方面的不足。

作者自1987年进入杭州钢铁集团公司以来一直从事高炉煤气除尘和热风炉工作，为高炉热风炉高级技师。在从事工作近30年的时间里，作者为了更好地适应岗位要求，刻苦钻研业务，注重科技创新，积累了不少实践经验，研究摸索出了10余种先进操作法，其中以作者姓名命名的“葛荣华高炉热风炉二烧一送平稳蓄热先进操作法”被公司评为特等奖，仅这项成果每年能为钢铁厂降成本500多万元。

为了促进高炉煤气除尘和热风炉方面高水平的工艺操作人员的培养，作者将30年来记录积累下来的实践经验和创新成果，与理论知识相结合，编写了本书。本书内容深入浅出，通俗易懂，以介绍较为先进的生产设备操作为主，注重解决生产中碰到的实际问题，实用性、操作性强，弥补了高炉煤气布袋干法除尘实践经验的空白，对普及推广高炉煤气除尘和热风炉先进设备的相关知识特别是实际操作经验、保障生产安全、提升产品质量，具有重要的具体指导和借鉴作用。

为了本书的出版，杭州钢铁集团公司领导和公司科协等有关部门给予了大力支持和热心帮助，在此表示衷心的感谢。

由于作者水平有限，书中不妥之处，敬请广大读者批评指正。

作　者

2016年12月

目　录

第1章　高炉煤气除尘及使用

第 2 章 热风炉结构

第 3 章　热风炉提高风温的途径

第4章　热风炉的操作

第5章 热风炉耐火材料

第 6 章 热风炉设备

第7章　热风炉电气、计算机与仪表

第8章 热风炉故障处理及设备维护

第9章　高炉其他知识

第10章 先进操作法

第1章　高炉煤气除尘及使用

1-1　抓好煤气事故防范与安全管理的主要内容有哪些？

煤气事故主要是指煤气中毒、着火、爆炸三大事故。防范这三大事故的措施有：保证煤气设施不泄漏，带煤气作业戴好空气呼吸器等防护用品；严格控制煤气区域火源及电火花；不使煤气与空气或空气与煤气混合产生爆炸性气体。

安全管理的主要内容有：

（1）要有与实物相符的煤气管网平面图，相关人员都要了解。

（2）煤气区域显眼处要有安全警示标志并做好警戒工作。

（3）严格执行煤气操作规程。

（4）加强煤气操作人员的技能培训，做到持证上岗。

（5）对易发煤气事故的区域要有应急预案，并做事故演习。

1-2　冶金工厂煤气安全事故频发的主要原因是什么？

（1）没有严格执行煤气安全操作规程。

（2）设计、施工、检修不合实际，给工厂埋下隐患。

（3）进入煤气区域作业没有办好危险作业许可证或动火证，作业前没有做好确认工作。

（4）没有做好煤气安全培训工作，操作人员技能水平低。

（5）煤气区域没有明显的安全警告牌，使闲人误入，生活蒸汽管与煤气管道长期连通，使生活设施带上了煤气。

1-3　高炉煤气的主要成分有哪些，影响高炉煤气成分的因素有哪些？

高炉煤气的主要成分有 CO、CO_2、N_2、H_2、CH_4。

影响高炉煤气成分的因素有：

（1）燃料的消耗量。

（2）熔剂的消耗量。

（3）直接还原度。

（4）铁矿石的性质。

（5）鼓风成分。

（6）喷吹燃料。

（7）高炉顺行情况。

（8）设备，如漏水等都是影响高炉煤气成分的因素。

1-4　影响高炉煤气含尘量的因素有哪些？

（1）原料的物理性质。

（2）鼓入高炉中的风量及炉顶压力。

（3）炼制不同的生铁炉尘量及炉尘的组成也不同。

（4）向高炉内加料时段。

（5）高炉状态。

1-5　冶炼每吨铁能产多少高炉煤气，理论燃烧温度是多少？

每吨生铁大约可得到的煤气约2000~3000m^3，高炉煤气的理论燃烧温度为1400~1500℃。目前随着高炉焦比降低和煤气利用率的提高，理论燃烧温度降低了很多。吨铁煤气量也发生了较大的变化。

1-6　高炉煤气为什么要除尘净化后才能使用？

从高炉引出的煤气中含有大量灰尘，在输送和使用的过程中，这些灰尘不仅会堵塞煤气管道和用户的设备，还可以引起热风炉蓄热室内耐火砖渣化和导热性能降低，煤气的发热值也受到影响，因此，必须经除尘处理后才能输送使用。

1-7　评价煤气除尘设备的主要指标有哪些？

（1）生产能力。生产能力是指单位时间处理的煤气量，一般用每小时所通过的标准状态的煤气体积流量来表示。

（2）除尘效率。除尘效率是指标准状态的煤气体积流量来表示除尘设备后捕集下来的灰尘量占除尘前所含的灰尘量的百分数，可用式（1-1）计算：

$$\eta = (m_1 - m_2)/m_1 \times 100\% \tag{1-1}$$

式中　η——除尘效率，%；

m_1，m_2——入口和出口煤气标准状态含尘量，g/m^3或mg/m^3。

（3）压力降。压力降是指煤气压力能在除尘设备内的损失，以入口和出口的压力差表示。

（4）水的消耗量和电能消耗。水、电消耗一般以每处理$1000m^3$标准状态煤气所消耗的水量和电量表示。

（5）干法布袋除尘器布袋、卸灰阀及氮气的消耗量。

对高炉煤气除尘设备的要求是产生能力大、除尘效率高、压力损失小、耗水量低、耗电量少、布袋和卸灰阀使用寿命长、密封性好、对煤气的回收利用影响小（如煤气的热值、压力）等。

1-8　根据高炉煤气中灰尘的除尘程度，通常将除尘系统分为哪3个阶段？

除尘系统分为粗除尘、半精除尘和精除尘3个阶段（这是指湿法除尘系统）。干法除尘只有粗除尘和精除尘两个阶段。

1-9　高炉煤气经过各个除尘阶段后的含尘量一般为多少，各阶段所用设备是什么（指湿法除尘系统）？

（1）粗除尘阶段。一般只能除去颗粒较大的灰尘，经过粗除尘煤气中含尘量一般为$1 \sim 10g/m^3$，所用的设备是重力除尘器和旋风除尘器。

（2）半精除尘阶段。利用洗涤塔或文氏管除去用干式粗除尘（重力除尘器）所不能除掉的细颗粒灰尘，一般经半精除尘后煤气含尘量可降到$500mg/m^3$以下，但是煤气中增加了机械水和饱和水，降低了煤气的发热值。

（3）精除尘阶段。进一步除掉悬浮煤气中的固体细粒，经精除尘后煤气中的含尘量可小于10mg/m^3。精除尘的设备有文氏管、静电除尘器。高压高炉的减压阀组也起一定除尘作用。

1-10 重力除尘器的除尘原理是什么？

重力除尘器的除尘原理是煤气经中心导入管进入除尘器后，由于煤气流速的突然降低，同时改变气流方向，使煤气中的颗粒灰尘在重力和惯性的作用下与煤气分离，而沉降于除尘器的底部。

1-11 重力除尘器的直径与直筒部分高度及导入管下部高度根据什么确定？

重力除尘器的直径大小直接影响煤气在除尘器内的流速，若煤气流速大于灰尘沉降速度，则达不到除尘目的，煤气流速过小对除尘有好处，但要求重力除尘器的直径增大，占地面积大并且浪费材料。根据经验保证煤气在除尘器内的流速为0.6~1.0m/s为好，高限适用于高压高炉；除尘器直筒部分高度取决于煤气在除尘器内的停留时间，一般要保证煤气停留时间为12~15s。除尘器中心导入管可做成直筒或喇叭状。导入管以下高度取决于贮灰体积，为防止放灰设备故障且便于处理，一般应满足存放3天的除灰量。

1-12 重力除尘器下部喇叭口人孔怎样安装较为合理？

重力除尘器开人孔主要是为了清灰、检查、吹扫和与大气连通起安全作用，安装时喇叭口最底部一定要有一个便于清灰的人孔，喇叭口离底部2m左右安装2个人孔，2个人孔安装在通过除尘器中心的同一条水平直线上，主要用于检修吹扫煤气和与大气连通确保安全，同时也用于清灰。安装人孔时，要贴近除尘器壁安装，这样人进出容易，且积灰少。

1-13 怎样合理安装重力除尘器卸灰阀，使用时应注意哪些问题？

重力除尘器卸灰工作一般是在高压、高温下进行，卸灰阀很容易损坏，合理地安装和使用卸灰阀能延长其寿命，既是损坏也不会影响正常生产。经过多年的使用总结，以下安装卸灰阀的方法是比较合理的：在重力除尘器底部装两组卸灰阀（装多组数会导致底部面积大），这样即能防止卸灰时留灰多，又能确保一组卸灰阀损坏时不停产，用两个卸灰阀串联为一组，每组卸灰阀的下部安装一只波纹补偿器，补偿器的直径要比卸灰阀直径大，防止磨损，这样就便于更换卸灰阀，不需换一次阀动一次火，既省时又安全。使用时应注意：

（1）尽量减少对每组上卸灰阀有损害的操作，如：让上卸灰阀常开，卸灰时只用下卸灰阀，但每星期要开关一次上卸灰阀防止卡死，使用时间长要利用高炉停风、停气的机会更换新阀，换下的上卸灰阀可作为下卸灰阀使用。

（2）卸灰时阀要全开，否则卸灰阀磨损特别快。

（3）尽量减少重力除尘器灰卸空的次数，卸空时高压高温煤气夹带灰对卸灰阀冲刷，会加快阀的损坏。

（4）在生产过程中下卸灰阀损坏时，关好上卸灰阀及时进行更换。

1-14 高炉停风、停气进重力除尘器清灰煤气检测合格后，清灰途中为什么煤气还会超标？

重力除尘器清灰途中产生煤气的原因是高炉炉顶更换气密箱，拆除后炉顶就大面积敞开，原来炉顶放散阀抽力大，重力除尘器是处于负压状态，新鲜空气大部分从除尘器的人孔吸进，只有很少的煤气从除尘灰中散发出来，不会造成煤气含量超标情况。气密箱移走后与大气连通降低了放散阀的抽力，此时高炉炉顶的煤气与大量的空气燃烧产物与未燃煤气的混合物压力大于炉顶放散阀的抽力，这样就有小部分煤气沿下降管到重力除尘器，造成煤气含量超标。如高炉检修时间长，可等新气密箱装上后再清重力灰，如时间紧可采取以下措施进行清灰：在重力除尘器喇叭口上部挂便携式 CO 报警器，尽量靠近重力除尘器的导入管口，进入清灰的人身上再携带 CO 报警器，如发现报警器报警，清灰人员马上撤出除尘器，向除尘器里通蒸汽 5~10min，再进行清灰，这样重复操作，清灰人员要尽量减少在除尘器内清灰时间，轮流进行，并且做好监护工作。

1-15 进入重力除尘器清灰应注意什么？

（1）开危险作业证，测定 CO 合格，或放鸽子试验合格。

（2）人孔及放散阀要全部打开，确保不关闭。

（3）除尘器内温度小于 40℃。

（4）切断阀严禁开动，切断电源挂好禁止合闸牌；重力除尘器没有切断阀的高炉，下降管及顶部禁止施工。

（5）内部清灰人员带便携式 CO 报警器，外部要有人监护。准备好照明，电压不要超过 12V。

（6）工作时间不超 30min，间隔时间不少于 2h。

（7）炉顶点火正常。

（8）要注意人孔上方的结灰塌下。

1-16 高炉长期休风后为什么要对重力除尘器进行放水？

重力除尘器吹扫煤气用的是蒸汽，由于高炉长期休风，向除尘器通入大量蒸汽，冷凝后使除尘器内积水，特别是冬天或北方气温较低的地方冷凝水更多，如果不及时放出，将会使清灰口堵住或除尘器内粘灰。

1-17 高炉低压和休风期间为什么不能放重力灰？

高炉休风低压时，由于炉顶放散阀打开，抽力很大，重力除尘器将产生负压，放灰时空气会从放灰口被吸入重力除尘器内而形成爆炸性混合气体，而除尘器中的灰本身就是火源，易发生爆炸事故，所以休风期间不能放重力灰。

1-18 洗涤塔的作用有哪些？

洗涤塔有两种作用：一是冷却，把煤气冷却到 40℃ 以下，降低了煤气温度，相对降低了煤气的机械水和饱和水（由于进入洗涤塔前煤气中只有炼铁原料带进的水分且很少，经洗涤塔后实际是增加了很多水分）；二是除尘。

1-19　常用洗涤塔有哪几种，它们的工作原理是什么？

洗涤塔有木格子填料洗涤塔和空心洗涤塔两种。它们的工作原理为：煤气由塔的下部入口进入后，自下向上流动与由上向下（最下一层喷头是由下向上喷洒）喷洒的水滴相遇，通过热量交换，煤气的温度被降低，所携带的灰尘被水滴湿润并彼此凝聚成大颗粒，由于重力作用这些大颗粒离开煤气气流随水流向洗涤塔下部与污水一起经塔底水封排出，经冷却和洗涤后的煤气带着机械水和饱和水由塔顶引出。

1-20　影响洗涤塔工作效率的主要因素有哪些？

（1）煤气速度。增加煤气在洗涤塔内的速度，容易产生紊流，增加了灰尘与水滴的碰撞机会使灰尘容易被水所湿润和吸附，凝聚成较大的颗粒，可提高除尘效果。

（2）水的消耗量和喷水方式。喷水量大，水滴细则效率高，然而过大的水量也是无效的，水滴过小煤气流会把捕集到灰尘的吹出塔外，降低除尘效率，水滴大小要与煤气流速相适应。

（3）水量的分配方式。一般上层喷头70%水量，下层喷头为30%水量较合适。

（4）冷却水的温度和水质。从煤气冷却的角度来考虑，水温低一些好，然而水温高表面张力小雾化容易除尘效果好。一般洗涤塔用水多为循环供水，水温不会很低，但不宜高于35℃。为保证喷嘴不被堵塞，要尽量降低水中悬浮物，特别要避免水中夹带杂物，循环水中悬浮物要求不大于150~200mg/L。

（5）与煤气含尘量和灰尘物理性质有关。煤气中含灰尘越多，洗涤塔除尘效率越高；灰尘颗粒越大，越容易被湿润，除尘效率也越高；反之则低。

1-21 湿法煤气除尘洗涤塔脱污管堵塞症状怎样，如洗涤塔被水灌满应怎样处理？

刚开始堵塞时会出现洗涤塔前的煤气压力不断升高，洗涤塔后的煤气压力不断降低，洗涤塔还会出现摇晃，煤气流量会不断减少到零，高炉炉顶煤气压力冲顶。处理办法是：立即使高炉作停气，关闭洗涤塔的进水，打开洗涤塔放散阀后才能打洗涤塔的排污阀进行排水，否则可能会造成洗涤被吸瘪事故（如洗涤塔后与煤气系统切断），如排污阀堵塞无法处理，需打人孔，要从洗涤塔的上部逐个往下打，如从下部开始打会因水压过高，造成伤人事故。

1-22 某钢厂高炉洗涤塔水封为什么时常冲开，如何处理？

水封时常被冲开的原因主要是高炉操作提高的炉顶煤气压力，超出了水封设计高度要求，碰到炉况波动炉顶煤气压力升高，就很容易把洗涤塔的水封冲开。冲开时临时处理办法是拉开洗涤塔或重力除尘器的放散阀，降低煤气压力，等水封封好后重新盖上放散阀门。彻底解决的办法是进行设备改造，增加水封高度。

1-23 文氏管用于煤气净化的主要目的是什么？

文氏管用于煤气净化的主要目的是除尘和降温，降温降低了从洗涤塔带来的机械水和饱和水（洗涤塔、文氏管结构）。

1-24 文氏管由哪几部分组成？

文氏管由收缩管、喉管（喉口）和扩张管三部分组成。

1-25 文氏管的工作原理怎样？

文氏管工作原理是煤气高速通过喉口时与水产生剧烈的冲击使水雾化，煤气中的尘粒之间、尘粒与水滴之间充分接触，进行热交换煤气温度降低后，水滴湿润尘粒加快，由于尘粒凝聚变大，能使尘粒和水滴同时从煤气中分离出来一起沉降随水排出。

1-26　煤气除尘常用的文氏管有哪几种？

煤气除尘常用的文氏管有溢流调径文氏管、溢流定径文氏管、调径文氏管和定径文氏管四种。

1-27　文氏管的除尘效率与哪些因素有关？

文氏管的除尘效率主要与煤气在喉口处的流速和耗水量有关。当耗水量增加时高炉炉顶煤气压力也增加，煤气流速相应增加，除尘效率就提高，但这时煤气的压力降也增大，所以压力降越大降尘效率越高。

1-28　湿法煤气除尘文氏管的鸭嘴喷头及炮弹头水管堵塞怎样判断？

判断的主要方法是用手触摸水管外表，感觉温度较高的是畅通的，温度较低的有堵塞情况，温度最低的已全部堵塞（因为污水是循环使用的，有一定温度）。处理方法是用榔头敲震水管，如无效就等高炉检修时再处理。

1-29　电除尘器的除尘原理是什么？

煤气通过一个在两个电极之间的高压电场，使煤气在电场中发生离子化，即使灰尘和水滴带电荷，电极连直流电电源，由于获得电荷的作用，灰尘和水滴趋于阳极，并在该处沉积下来，沉积在阳极上的尘粒失去电荷后，用振动或用水冲洗的办法使尘粒落下而排出，前者为干式电除尘，后者为湿式电除尘。

1-30　根据收集尘粒电极的形式，电除尘器可分为哪几种？

电除尘器可分为管式、板式、套管式和蜂窝式四种。

1-31　电除尘器的效率取决于哪些因素？

电除尘器的效率取决于尘粒的比电阻、煤气流速、煤气温度和煤气湿度等因素。尘粒的比电阻对除尘的效率影响很大，电除尘器最适宜净化比电阻为 $1\times10^4\sim2\times10^{10}\Omega\cdot cm$ 的尘粒。比电阻小于 $1\times10^4\Omega\cdot cm$ 时，由于被沉淀极吸附的荷电尘粒中和过早，因而会发生尘粒二次飞扬现象。比电阻在 $1\times10^{11}\Omega\cdot cm$ 以上时，则随着沉淀极上尘粒的增多，两界面间的电位差也逐渐升高，当堆积层绝缘被破坏，随即在沉淀极上发生反电晕现象，频频发生火花放电，极电压降低，电场减弱，除尘器的效率随之降低。

1-32 高炉煤气经湿法除尘后的脱泥脱水设备有哪些？

脱泥脱水设备主要有重力式灰泥捕集器、旋风式灰泥捕集器、挡板式（或伞形）脱水器及填料式脱水器等。

1-33 各脱泥脱水设备的工作原理怎样？

（1）重力式灰泥捕集器的工作原理与重力除尘器一样。煤气进入重力式灰泥捕集器后，速度降低，并且改变了气流方向，气流中的灰泥与水滴在重力与惯性的作用下与煤气分离。这种设备结构简单，不易堵塞，对细尘粒和水滴的脱除效率不高。

（2）旋风式灰泥捕集器是利用气流的回旋运动产生离心力达到捕集灰泥的目的。

（3）挡板式脱水器（又称为伞旋脱水器）。这种脱水器多用于高压高炉煤气净化系统，它设在调压阀组之后起脱水和除尘作用。当煤气沿切线方向进入后，经曲折挡板，水滴在离心力和重力作用下与煤气流分离，也有一些水滴直接和挡板碰撞失去动能而与煤气分离，这种脱水器的脱水效率一般约为80%，入口煤气速度不大于12m/s，筒体内煤气速度为4～5m/s，筒体高度约为3倍筒体直径。

（4）填料式脱水器一般作为最后一级的脱水设备。筒内装有一层或几层填料，填料过去多用木材，目前有用塑料代替的趋势。

1-34 干式除尘设备有哪些？

目前正在研究与开发的用于高炉煤气净化的设备有颗粒层除尘器、布袋除尘器和干式静电除尘器。从使用情况看布袋除尘器效果最好。

1-35 高炉煤气用干法除尘有什么好处？

高炉煤气湿法除尘，煤气中含水（机械水和饱和水）较多且难除去；采用干法除尘，煤气不经过喷水除尘和冷却，含水很少，同时还可以保持煤气的温度，增加物理热，同时干法除尘比湿法除尘效率高，使用TRT能比湿法除尘回收更多的压力能和热能。

1-36 低压脉冲煤气布袋除尘器的设计参数有哪些？

布袋除尘器的设计参数有处理煤气量（标准状态，m^3/h）、过滤负荷、过滤面积、滤袋规格、滤袋数量、滤袋材质为氟美斯、脉冲喷吹装置（脉冲阀的数量）、脉冲喷吹压力（炉顶压力加0.20MPa）、脉冲氮气耗量、煤气温度、入口含尘浓度10～15g/m^3（标准状态）、出口煤气含尘量小于10mg/m^3、煤气过滤流速、系统阻力（压力降1200～1500Pa）。

1-37 低压脉冲煤气布袋除尘器的工艺控制参数有哪些？

工艺控制参数有：

（1）压力控制。滤袋筒体压力不小于高炉炉顶的设计压力。脉冲用氮气压力为炉顶压力加0.20MPa，并保证纯净。荒、净煤气压差不超过5kPa。

（2）温度控制。炉顶煤气温度控制在100～260℃的范围内。进入滤袋筒体内的煤气温度不超过260℃，事故温度瞬时可以300℃。北方应用滤袋除尘时必须确保筒体内的煤气温度高于露点30℃。

（3）含尘量控制。进入滤袋筒体的含尘量在 10～15g/m³。经过除尘净化后的煤气含尘量不大于 10mg/m³。

1-38　布袋除尘器如何除尘？

布袋除尘器除尘主要有两个步骤：一是布袋的纤维对煤气过滤尘粒捕集在布袋上形成灰膜；二是灰膜对尘粒的捕集。在实际生产中灰膜对灰尘的捕集具有更重要的作用，因为在灰膜形成前，单纯靠布袋纤维捕集的效率不高，而通过粉尘自身灰膜层的作用，可捕集 1μm 左右的微粒，效率达到 99%。高炉煤气经布袋除尘后，含尘量达到 6mg/m³ 以下。当布袋上的集尘层达到一定厚度，荒、净煤气压差不超过 5kPa 时，就进行反吹去掉部分灰尘层，降低荒、净煤气压力差，继续进行煤气除尘。布袋除尘器一般有若干个箱体，它们同时进行除尘，根据荒、净煤气压差情况轮流进行除尘反吹，连续地完成煤气除尘任务。

1-39　干法布袋除尘器的技术特性有哪些？

（1）过滤负荷，即每平方米布袋面积每小时过滤煤气量。

（2）反吹周期，即多长时间反吹一次，实际生产中一般根据荒、净煤气压差来确定，理论上可参考反吹时间。

有了这两个技术指标，就可以根据高炉煤气量设计除尘箱体数、布袋数和反吹机能力等。这两个指标高低主要受布袋材质影响，我国小型高炉常用的玻璃纤维布袋，性脆、抗折性差，一般过渡负荷为 45m³/(m²·h)，反吹周期为 1.5h 左右。而耐热尼龙针刺毡抗折性好，一般过渡负荷可达 70 以上，反吹周期为 10～20min；但它的耐热性较低，一般在 300℃以下，要求有严格的温度控制措施。

1-40　高炉煤气干法布袋除尘的工艺流程是什么？

高炉煤气（上升管）→（煤气下降管）→（重力除尘器）→（荒煤气总管）→（荒煤气支管）→进口（蝶阀+盲板阀）

→（布袋除尘器）→出口（盲板+蝶阀）→（净煤气支管）→（净煤气总管）→（调压阀组）→（低压净煤气总管）→（盲板阀+蝶阀）与（TRT）→（低压净煤气总管）→（盲板阀+蝶阀）。

1-41　干法布袋除尘器怎样进行短期停煤气操作？

接到热风炉停煤气指令，并待高炉炉顶放散阀打开后关闭各荒煤气支管蝶阀，使各箱体处于保压状态，隔绝重力除尘器蒸汽，并打开荒煤气总管氮气吹扫点。

1-42　简述干法布袋除尘短期引煤气操作。

接到热风炉引煤气指令后，通知高炉煤气调度准备引气，待重力除尘器放散阀冒煤气后打开各支管荒煤气蝶阀，并关闭荒煤气总管氮气吹扫点，通知热风炉干法除尘引煤气准备工作结束，关闭重力除尘器放散阀。

（1）注意各箱体流量、净煤气总管压力变化。

（2）通知高炉煤气调度干法引气结束。

（3）通知值班工长干法引气结束，可以转高压操作。

1-43　干法长期停煤气及高炉炉顶或煤气系统有检修项目应怎样操作（净煤气总管有煤气，只有本高炉停气)？

（1）停气前先对各箱体布袋进行反吹，放尽各箱体及中间灰斗的积灰。

（2）接到热风炉停气指令，并待高炉炉顶放散阀打开后，关闭各箱体的荒、净煤气支管进出口蝶阀。

（3）打开各箱体放散阀泄压，开吹扫氮气（要保证吹扫氮气的畅通）。

（4）开荒煤气总管吹扫氮气。

（5）关净煤气总管蝶阀，开总管放散阀，关闭总管盲板，开净煤气总管氮气吹扫阀。

1-44 干法长期停煤气及高炉炉顶或煤气系统有检修的引煤气应怎样操作（净煤气总管有煤气，只有本高炉停气）？

（1）引气前确认各箱体放散阀打开，各箱体氮气吹扫点通入氮气进行吹扫。

（2）打开净煤气总管盲板、开氮气吹扫阀。

（3）开净煤气总管蝶阀、关氮气吹扫阀，关净煤气总管放散阀。

（4）逐一关箱体氮气吹扫阀，开箱体出口蝶阀，关箱体放散阀。不准几只箱体同时操作，否则净煤气波动太大，影响其他用户生产。

（5）其他操作同短期停气、引气。

1-45 干法布袋除尘的反吹依据是什么？

反吹依据是各箱体煤气流量及荒、净煤气总管压差大于5kPa时应立即进行反吹；观察各箱体的煤气流量，当某只箱体的流量偏低时，要对该箱体进行反吹；压差长时间在5kPa以下时，每班反吹两次即可，高炉停风停气前要进行反吹，并且卸干净箱体积灰。

1-46 干法反吹的准备及操作怎样？

（1）准备：

1）检查反吹用的氮气压力，总管压力必须在200~400kPa之间，过高或过低，要调节压力阀使其达到正常范围。

2）打开氮气贮气罐排污阀，如发现有水，应排尽水后再使用；反吹应逐一进行，不得同时反吹多只箱体。

（2）操作：

1）按箱体顺序反吹。

2）关闭反吹箱体的净煤气出口蝶阀。

3）启动反吹箱体脉冲阀。

4）关闭反吹箱体的脉冲阀。

5）反吹完毕打开反吹箱体的净煤气出口蝶阀。

6）各箱体反吹完毕，如压差仍大于5kPa，应观察各箱体的流量表，选择流量较低的箱体继续反吹，如流量仍无变化，应检查该箱体的脉冲阀是否正常，如某个脉冲阀故障，应关闭球阀和该箱体氮气分气包进口阀，及时维修。

1-47 在正常生产情况下怎样停用需检修的箱体？

（1）关闭该箱体出口煤气蝶阀。

（2）用脉冲反吹该箱体2~3遍。

（3）放尽箱体内积灰。

（4）关闭箱体进口蝶阀，打开箱体放散阀泄压。

（5）关闭该箱体进、出口盲板。

（6）用氮气吹扫箱体20~30min，关保暖蒸汽，待箱体内温度降到50℃以下，才可打开箱体的人孔或上卸灰阀，避免锌自燃把箱体的布袋烧坏。

1-48 干法除尘怎样更换箱体布袋？

（1）箱体停用且箱体内温度不大于50℃后，打开箱体上、下人孔及中间灰斗放散阀。

（2）脱开氮气分气罐软连接及氮气炮、箱体氮气吹扫点软连接。

（3）在箱体下人孔（荒煤气人孔）装防爆抽风机，开动风机，保持上箱体负压，测定CO、O_2合格。

（4）卸反吹管、抽出袋笼及需更换的布袋。

（5）清除上箱体内积灰。

（6）装新布袋、袋笼及反吹管。

（7）封人孔。

（8）接氮气分气包、氮气炮、箱体吹扫点软连接，送氮气吹扫，中间斗吹扫10min后，关氮气吹扫阀，关放散阀。

(9) 检查箱体进出口煤气盲板阀密封圈，打开盲板阀。

(10) 打开进出口煤气蝶阀。

(11) 关箱体放散阀，关氮气吹扫阀。

(12) 检查有无泄漏，箱体投入运行后，注意流量及荒、净煤气总管压差变化。

1-49 干法布袋除尘系统停电怎样处理？

(1) 系统维持原有状态，并通知值班室。

(2) 立即通知电工来现场处理。

(3) 如果是单座高炉全系统停电：

1) 经与值班工长联系确认高炉已停风后，立即手动关闭荒煤气支管蝶阀，使系统处于保压状态，如发现压力过低，可适量通氮气，保持系统正压。

2) 及时与值班室联系，报告本系统状态。

3) 如果短期内无法恢复，按停气操作。

(4) 如果所有高炉都发生紧急停电：

1) 打开所有氮气吹扫阀及放散阀，作大停气处理。

2) 来电后关闭荒煤气支管蝶阀、净煤气总管蝶阀。

3) 恢复生产时，按长期停风后引煤气操作。

1-50 干法布袋除尘器中修、大修要注意什么？

干法布袋除尘器中修、大修时要注意把箱体及卸灰系统的灰清理干净，否则会结硬块，像水泥一样，投产时会影响设备运行及寿命。卸灰设备要定时进行开机运行，特别是公用的煤气管道的波纹补偿器要仔细检查，有无腐蚀、裂开，要及时更换，把不需更换布袋的箱体布袋反吹干净。

1-51 发展布袋除尘需要加强哪些方面的工作？

为了加速推广和大型化，目前我国布袋除尘尚有以下几个需要解决的问题：

（1）布袋材质，应尽快研究耐高温、高强度、高效率、使用寿命长的合成纤维或金属纤维布袋。

（2）用人工凭经验检查布袋是否破损、煤气直接外排有一定的危险性，应研究自动检测手段。

（3）需解决耐高温、高压阀门的密封，防止煤气泄漏。

（4）进一步解决除尘系统的控温问题。

（5）解决卸灰系统的灰位探测和机械设备的防尘，以便顺利卸灰。

（6）研究炉尘的综合利用。

1-52 干法布袋除尘安装箱体的进出口盲板应注意什么？

干法布袋除尘安装箱体的进出口盲板要注意盲板的安装方向，盲板有波纹补偿器的一边要靠箱体这面，因为盲板阀的波纹管容易损坏，这样坏掉时只需停一只箱体，可等高炉检修时再更换，否则需要高炉停风停气，才能处理，影响生产。

1-53 干法布袋除尘箱体倒进出口盲板时压不紧漏气怎样处理？

干法除尘箱体进出口盲板压不紧漏气的原因是：由气缸带动的轴向传动器3点难以保持行程一致，影响阀板密封板而漏气。

处理方法：先把盲板倒到原来位置，把漏气处传动连接插销头的防脱夹先搞直，达到拆卸插销方便，倒盲板时又不会脱出，再在传动器部分涂上理基脂（防止敲榔头冒火星点燃煤气），进行倒盲板，脱开漏气处的传动器插销，用榔头敲紧，即可。事先要做好煤气中毒和着火的防护工作，要倒回盲板时，先把敲紧的部分松开，装上插销就可以倒盲板了。等待高炉停风停气时进行调整，使3点行程一致。

1-54 干法箱体倒盲板时进口蝶阀关不严无法倒盲板怎样处理？

箱体倒盲板前关好进出口蝶阀、打开箱体放散阀后箱体内压力降不到操作要求的原因是：进口蝶阀积灰多，关不到位。处理方法是：在箱体放散阀打开的情况下，重新打开、关闭进口蝶阀，利用荒煤气压力把蝶阀处的积灰吹掉，如一次不够，可重复操作，关闭时可用榔头敲气缸与蝶阀的连接处，这样基本上可以关严倒盲板了。

1-55　布袋除尘器的试车目的和内容是什么？

试车目的是：

（1）检查布袋除尘系统各设备安装是否符合标准规范。

（2）检查受压设备是否达到安全规定标准。

（3）通过试车检查各设备运行是否正常，发现问题后及时进行整改，确保高炉生产后能够顺利地接受高炉煤气，并保证整个系统符合安全规定标准。

（4）设备是否安装齐全（如人工检漏阀有没有装），位置是否正确（如防爆口安装在箱体的荒煤气段的错误现象）。

（5）设备运行是否满足工艺操作要求。

试车内容包括：

（1）各种阀门的调试。主要包括上箱体气动卸灰球阀、中间灰斗气动钟式卸灰阀（实际生产中钟式卸灰阀对煤气温度低的高炉不适应，由于灰的温度低流性差，易黏结在钟上，导致阀关不严，改用球阀为好）、电磁脉动冲阀、进出口煤气蝶阀、进出口煤气盲板阀（眼镜阀）、荒煤气气动放散阀、净煤气手动放散阀、各箱体放散阀，仓壁振动器氮气吹扫阀 、反吹用的低压氮气包安全阀和气动阀门用的中压氮气包安全阀。

（2）对加温机及相关阀门进行单体调试（有些厂没有这种设备）。

（3）N_2清堵装置调试。此装置很容易被灰堵塞，可以取消，直接用吹扫 N_2清堵效果更好。

（4）PLC 自动控制装置调试。联动调试是模拟高炉生产时处理煤气的程序投入自动控制运行状态，发现问题及时解决。

（5）试车时要考虑各设备检修是否方便，如更换盲板密封圈空隙大小能否满足实际操作等。

1-56　干法布袋除尘器各箱体防爆口怎样安装才安全？

干法布袋除尘器各箱体防爆口，主要是为设备或操作不正常导致煤气压力升高超出安全要求而设置的泄压口。当煤气压力超过设计的最高值时，防爆膜片就会破裂进行泄压。泄压口是安装在箱体的净煤气段，而净煤气段是操作人员常去的地方，如进行人工检漏、检查脉冲反吹装置、箱体更换布袋、开关箱体放散阀等，因此，要将防爆口用管子引到上一层平台才安全。

1-57　为什么干法除尘斗式提升机入口时常堵塞，怎样处理？

某钢厂高炉煤气干法除尘斗式提升机入口时常被灰堵塞的原因主要是设计不合理和干法除尘器煤气入口温度低、灰的流动性差所造成的。处理办法有：

（1）进行设备改造，原来埋刮板机与斗式提升机之间用斜桥连接（见图1-1），改造成埋刮板机直接与斗式提升机连接取消斜桥（见图1-2）；提高斗式提升机的尾轮，减少尾轮碰到沉井下的积水；在连接处增加氮气疏松装置。

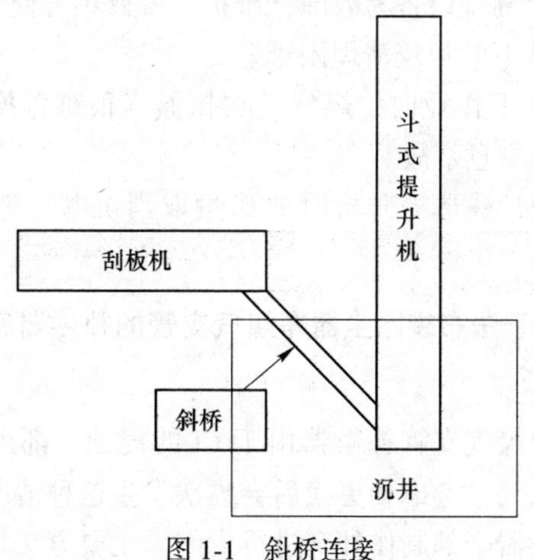

图1-1　斜桥连接

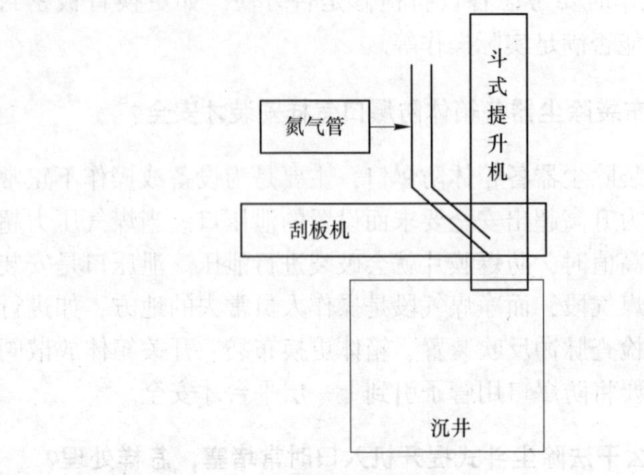

图 1-2 直接连接

（2）要求高炉工长提高煤气箱体的入口温度。

1-58 干法布袋除尘器输灰系统斗式提升机底部设计沉井有什么坏处？

（1）沉井都比地面低，容易积水，特别是下大雨、长雨要经常到沉井抽水。

（2）地下潮湿设备易故障，维护、维修不方便。

（3）沉井下的积灰清理困难。

（4）到井下作业时，煤气、吹扫氮气很难置换出去，易发生煤气中毒及窒息事故。

因此，设计建造提升机时要尽量取消沉井，把尾轮建在地面上。

1-59 某钢厂干法布袋除尘器净煤气支管的补偿器腐蚀漏煤气怎样处理？

除尘器净煤气支管补偿器由于 Cl 的侵蚀，都出现了不同程度的霉点漏煤气，考虑到更换后会再次发生这种情况，决定对净煤气支管补偿器全部制作外套进行封闭。主要方法是割除补偿器的拉杆，安装装运用的小拉杆，制作外套将其封闭。外套样子与鼓形补偿器差不多，分成两半焊在补偿器外面，将补偿器封闭起来，外套也能起一定的补偿作用，效果很好。以后也可以考虑直接用这样的外套来代替波纹补偿器。

1-60　干法布袋除尘器停风停气在净煤气支管上动火怎样快速处理煤气？

高炉停风、停气后，干法各除尘箱体关闭进出口蝶阀，不倒进出口盲板，箱体打开放散阀、通吹扫氮气，关净煤气总管蝶阀，打开距离净煤气总管盲板最近的箱体出口蝶阀对净煤气总管进行泄压，倒好总管盲板，TRT 盲板倒好，开调压阀组的阀门，开盲板前氮气吹扫阀，对总管进行吹扫 15min 左右，离总管盲板由近到远依次打开（同时关吹扫好的箱体出口蝶阀）各箱体出口蝶阀对支管进行吹扫，每个箱体吹扫时间为 4min 左右，最后打开净煤气总管末端放散阀，测定 CO 合格。

1-61　干法布袋除尘箱体怎样进行人工检漏？

判断布袋除尘器的布袋有无破损方法比较多，目前常用的方法是人工检漏法，它具有简单、准确、只有一根检漏管、无需其他设备等优点。检漏管安装在各除尘箱体的净煤气出口支管上，检漏时打开检漏管，用干净的口罩贴在检漏管上对煤气进行过滤，如果口罩干净如初，说明布袋没有破损；如口罩上有灰，箱体内布袋就有破损了，检漏好后关闭检漏阀。这种方法的缺点是煤气直接外排，有一定的危险性，检漏时要注意风向，二人同行，做好防护工作。

1-62　怎样利用净煤气总管含尘量测定仪判断布袋的破损？

当净煤气总管含尘量测定仪检测出含尘量超标时，可用逐一停用箱体的办法来判断箱体有无布袋破损。停用时总管含尘量不变说明该箱体正常；停用时总管含尘量下降，就说明该箱体有布袋破损。

1-63 怎样稳定煤气管网压力？

（1）以自备电厂锅炉为缓冲，稳定用户煤气压力。

（2）建立煤气柜，协调二次能源产、耗平衡。

（3）设置剩余煤气自动放散装置来稳压。

（4）设立煤气调控中心，及时灵活地调度全厂煤气，使上述各种调节煤气措施有效地发挥作用，达到煤气稳定供应和充分合理利用煤气的目的。

1-64 如果发现气柜柜容突然下降应如何处理？

首先查明是什么原因造成气柜柜容下降，并及时向单位领导及调度处汇报，然后根据具体情况进行处理：

（1）若是管道断裂（或破裂）引起的，则立即关闭气柜进出口阀门，同时启动事故应急方案程序。

（2）若是气源单位停气，则关小气柜进出口阀门开度，利用气柜内的煤气进行管道保压。

（3）若是气柜本体出现漏气，则将活塞高度降至泄漏点以下（湿式气柜将泄漏点浸入水槽）。

（4）若稀油密封干式气柜因帆布破裂而发生活塞油沟漏油，或布帘柜密封布帘的破裂等原因引起的，则气柜应停止进气，将柜内的煤气外供（如条件不许可，则进行放散），并对气柜进行吹扫置换，使气柜进入检修状态。

1-65 由于故障产生煤气输气压力及流量波动的原因有哪些，如何判断、分析、处理？

（1）高炉炉况发生变化改变操作制度或处理事故 、像热风炉这样的高炉煤气用量大户大幅增减煤气使用量，都会产生压力及流量的波动。主要表现是高炉煤气管网压力产生整体波动，不是局部波动。各相关单位要加强联系，采取相应措施减少煤气波动。

（2）高炉煤气输气管道低洼处严重积水产生水涌动导致煤气压力及流量的波动，主要发生在用湿法除尘净化煤气的高炉。主要表现是发生在煤气管道的某一处，具有局部性，波动的规律一般是弱到强再由强转弱重复进行，波动频率不大。

判断、分析：检查低洼处管道的煤气脱水器，打开试验头子，将出现四种情况：放出来全部是煤气、先是水接着马上出来煤气、全部是水长时间放不完、煤气与水都没有。

处理办法：首先处理水长时间放不完的煤气脱水器，这种现象是脱水器堵塞造成的，应将第二道阀门关闭将下部法兰螺栓拆卸，做好警戒安全措施，开阀先放掉管内积水，操作人员戴防护用具监视直至冒出煤气将阀门关闭，与此同时应拆卸排水器手孔，清扫堵塞管口，封出手孔，装好脱水器，注满水恢复正常脱水。

试验头子先来水后来气的堵塞部位与长时间放不完水一样，只是堵塞后积水不多没有造成水涌导致波动而已，处理方法相同。

试验头无煤气外喷则表明堵塞发生在集水漏斗与脱水器之间管道上，应关闭第二道阀门从试验管头通蒸汽或高压水疏通，必要时可带煤气拆卸脱水器开阀用铁丝通开（要做好安全防护工作）。

（3）如果煤气压力波动与流量波动不一致，可能是压力表或流量表导管积水造成；同时也要注意到：如压力或流量一方长时间停留不脉动也可能是导管堵塞，尤其是在入冬季节要特别注意这种现象的出现；要确保仪表的准确性，消除虚假现象。

1-66　煤气输气压力及流量下降（甚至到零）的原因是什么，事故怎样处理？

高炉炉况不顺降压、慢风操作和停气、重力除尘器放灰时放灰阀损坏关不牢、高炉煤气湿法除尘洗塔水封被冲开或水封脱污管被堵牢、湿法煤气除尘系统文氏管喉口结灰严重、旋风脱水器排污管堵塞、严寒的冬天在管道的流量孔板、蝶阀等有一定阻力部位结冰都会造成输气压力及流量下降。

（1）高炉不稳定慢风操作、停气属于高炉生产问题，各用户要多加联系，及时了解高炉生产情况。

（2）重力除尘器放灰阀关不牢、损坏属于设备问题，发生及处理时高炉操作人员应及时通知煤气调度，做好煤气平衡工作。

（3）洗涤塔水封被冲开，现场能直接看到，可打开洗涤塔放散阀降低煤气压力，煤气封住后等脱污管有水流出后，关放散阀。如属于设计水封高度不够，应根据实际情况增加水封高度。洗涤塔水封脱污管被堵塞，刚开始时，塔前煤气压力不断升高，塔后煤气压力不断减小，塔身会出现摇晃现象，最后是高炉炉顶煤气压力冲顶，塔后只是煤气管网的压力，造成高炉停气。处理方法是立即关闭洗涤塔的进水阀，对洗涤塔进行排污，清除堵塞物，关好排污阀，打开洗涤塔进水，恢复高炉生产，处理过程要做好安全防护工作。

（4）文氏管喉口结灰主要是在炮弹头处，其他部位有水膜层不容易结灰，生产时间较长时，会随着炮弹头处结灰增加而导致喉口处煤气压差增大，影响过程很缓慢，一般只在高炉检修时清理。

（5）旋风脱水器是安装在文氏管后的脱水设备，高炉长时间停气时作水封用，与其他阀门联合用作可靠切断装置。当脱污管堵塞时，水封高度增加，使煤气通道变小，增加煤气阻力，降低了煤气压力，处理方法是加强脱污管的检查，定期对水封进行排污。

（6）严寒的冬天在管道的流量孔板、蝶阀等有一定阻力部位结冰也会造成输气压力及流量下降，这种情况一般发生在寒冷的北方，外表无法发现，可用小锤轻轻敲打，如能听到像敲钟一样有拖音，说明正常，如声音像敲石头一样，说明有结冰，需要进行解冻处理。用蒸汽解冻要注意蒸汽压力不能过低，否则通进去的蒸汽马上结成冰造成事故扩大，用明火解冻要避免烧坏法兰密封造成漏气。

1-67　高炉煤气除尘系统哪些部位容易发生漏煤气、漏灰，如何检查，怎样处理?

高炉煤气除尘系统漏煤气不但会毁坏设备，还会污染环境，危及人身安全，应加重视。除尘设备易发生漏气、漏灰部位主要有重力除尘器的切断阀（很多高压高炉已取消）、拉杆压兰、重力除尘器放散阀、卸灰阀、给料机轴压兰、干法除尘器的盲板密封、集灰斗卸灰阀、中间灰斗卸灰阀、波纹补偿器等。

（1）重力除尘器放散阀漏气一般发生在高炉送风、引煤气或高炉生产过程中炉顶煤气压力出现异常波动时，碰到这种情况要到现场听声音或用便携式CO测定仪检测，如有漏气可到液压站，手动推动放散阀油缸换向阀关的撞针，如无效通知值班人员降压后重新开关。

（2）重力除尘器切断阀拉杆压兰漏气，可用一根细围丝贴近压兰进行检查，如围丝飘动说明漏气，可进行带压紧螺丝处理，这些过程都要站在上风口操作或采取安全措施。

（3）重力除尘器卸灰阀、干法布袋除尘器集灰斗卸灰阀和中间灰斗卸灰阀漏煤气都有两种情况：卸灰阀阀壳破损漏灰和阀内部漏灰。阀壳漏灰、漏气直接就能看到，应将该除尘箱体停用或马上进行更换处理；如阀内部漏灰、漏气外表不一定观察得到，可以通过手触摸卸灰阀外壳，如果停止卸灰后0.5h左右还是温度很高与卸灰时差不多，就可以确定该阀已关不严漏气了。如漏气量不大干法箱体可通过反吹，用灰堵住漏，如无效应停用箱体进行更换。

（4）给料机漏灰直接能看到，可等停用时进行更换压兰盘根。

（5）盲板密封圈漏气。这主要发生在干法除尘系统的盲板密封圈，由于干法除尘过程煤气温度都比较高，对密封材料不利，漏气时现场能听到漏气声，也可用CO检测仪进行测定。漏气如发生在净煤气处，在能确保安全的情况下，可以拖到合适的时候更换；如发生在荒煤气处应马上进行处理，否则将会损坏盲板阀体，增加处理难度；为增加盲板密封圈的使用时间，在高炉休风、停气时，尽量不倒箱体盲板阀。必须倒的盲板要仔细检察密封圈好坏，发现有问题必须进行更换。

（6）波纹补偿器漏气。漏气大时在离补偿器较远的地方就能听到声音；漏气小时可用CO检测仪沿四周进行测定，如补偿器处有平台可从补偿器外表看到霉点，如补偿位移不大的地方可以对补偿器进行包焊处量，如补偿量较大，则进行更换处理。

1-68　怎样做好高炉煤气管网设备管理工作？

（1）高炉煤气管网必须有详细的与现场实物一致的完整图纸和资料存档。

（2）相关单位必须有完整的平面布置管网图；相关人员要熟悉平面管网图所标设备的具体位置，了解设备的作用，碰到问题能有相应的处理方法。

（3）每条煤气管道必须建立专门技术档案资料，包括以下内容：1）设计单位、时间、设计依据、设计能力与荷载、地质及测绘资料；2）修建单位、时间、使用材料和选用设备的试验资料，试验及施工有关资料；3）施工、验收期间出现问题、整改内容和方法、效果。

1-69　高炉煤气管道中的冷凝液为什么要及时排出？

煤气管道中的冷凝液主要来自煤气湿法除尘系统，存在管道下部，如不及时排放将产生以下不良影响：

（1）高炉煤气成分中CO_2是腐蚀性气体，CO_2只有在有水的情况下才具有腐蚀性，CO_2在水中呈酸性腐蚀物质对管道进行腐蚀，影响管道的使用寿命。

（2）冷凝液较多时被煤气流推动将产生潮涌，造成煤气压力波动；严重时产生水锤现象致使管道震晃而坍塌。

（3）冷凝水积聚使管道断面减少，增加压力降，在低洼地段形成水封使输气停止，也有可能因积水过多，管道荷载过大而坍塌。

1-70　排水器的安装位置一般在哪里？

（1）波浪式布置的低位点；水平式布置的间距不超过100～150m。

（2）局部低位点。

（3）各种阀门前，如果阀后煤气管道仰起铺设，阀后不需设排放点。

（4）煤气管道因安装孔板等阻挡水流的地点应设排放管，但不一定安装排水器。

（5）其他需要排放的部位。

1-71　架空煤气管道的冷凝水脱水器有哪两种，各自的优缺点是什么？

架空煤气管道的冷凝水脱水器有立式脱水器与卧式脱水器两种。

（1）立式脱水器的缺点：与煤气管道排水口连接下水管较细（直径 89mm×4mm～108mm×4mm），容易堵塞；插入管段及复式水封的隔板都在排水器内部，看不到其腐蚀情况，一旦腐蚀穿孔就造成水封高度降低。穿孔后实际水封高度如低于煤气压力就要漏煤气，事前很难检查到，得不到预防处理。优点：在遇到煤气压力突然升高、超过水封有效高度时，煤气突破水封使插入管内的水压出脱水器溢流口排掉，因而使整个排水器的水位暂时有所下降，由于下水管较小，水位降低不大，一般在计算压力之外尚加有 500mm 的高度，所以间断的煤气压力升高水封突破几次还能照常封住外逸的煤气，保证其水封有效性。

（2）卧式脱水器的缺点：碰到煤气压力升高突破水封有效高度时，就会使卧式脱水器的水吹出，使脱水器失效造成煤气泄漏；必须等到重新加满水封时，才能恢复正常使用。优点：水封高度的管子在排水口缸体上方便于检查，缸位低，操作、维护方便，直接能看到管子的腐蚀情况，可做到有计划地检修，防止漏煤气。

1-72 煤气管道冷凝液脱水器应满足哪些技术要求？

（1）连续性排放。

（2）排放时只能排放冷凝液不能排放煤气。

（3）便于检查排放口是否堵塞。

（4）排放液中的溶解煤气不迁移他处，扩大煤气危险区域。

（5）排放液不扩大污染区域。

（6）便于日常维护检查和定期清扫工作。

（7）设备加工制作简单，方便检修。

（8）节约能源，维护费用低。

1-73 对排水器的工艺要求有哪些？

（1）煤气管道的冷凝液排放点设集液漏斗要与带法兰的阀门连接，不能直接焊接，处理排水器和下水管堵塞，阀门关不严时可以用盲板切断。

（2）放置脱水器的基础要结实不能出现下沉情况，排水口与脱水器不能垂直连接，以防脱水器悬挂给煤气管道增加局部荷载。

（3）在下水管与脱水器的连接处应设阀门，处理排水器时可切断煤气；阀门上方安装带阀门的试验头子用来检查排水工况和煤气取样。

（4）脱水器筒体下部应设清扫孔（每室一处）清扫冷凝液的沉积物，上部设加水孔或排气孔。

（5）复式脱水器的溢流口不得低于前室溢流口，以便必要时从后部补水。

（6）排水器的溢流管应与受水漏斗端面保持一定间隔，以防止发生虹吸现象，方便溶水气体散发。

（7）在寒冷冬季应做的下水管与脱水器的保温工作，防止冷凝液冻结，确保排水器正常工作。

（8）冷凝液中含有害物质，应就近设积水池，要经处理合格后才能排放，防止发生环境污染事故。

1-74　排水器（脱水器）的使用管理有哪些要求？

（1）排水器的设置位置合理。管道如果是波浪式布置的，应设置在管道的最低点；如水平式布置的间距不超过100~150m。

（2）排水器排出的冷凝液不能就地排放，必须集中回收处理。

（3）每周两次检查脱水器满流情况，并补水使之保持满流。

（4）定期对排水器进行保养，打开试验头子检查下水管和排水器堵塞情况，在冬季应做好防冻保暖工作。

（5）排水器本体不能浸泡在水中。

（6）排水器与排水口不能直接连接，且基础牢固，不能出现排水器悬空的现象。

（7）观察排水器本体腐蚀情况如何，有无泄漏现象。

1-75　脱水器怎样清洗和底部堵塞处理？

（1）定期正常排污。关闭排水器上方阀门，如阀门关闭不严堵盲板，打开脱水器的手孔，用水冲净脱水器的积灰，然后封好手孔，将脱水器注满水，恢复排水器正常工作。

（2）下水管底部堵塞。将集液漏斗处的阀门关闭，如阀门关闭不严堵盲板，拆下第二道闸阀，打开排水器的手孔，用水和扦子把下水管积灰清理干净。重新装好注满水恢复正常工作。

1-76　对煤气管道上用的切断装置有哪些基本要求？

对煤气管道上用的切断装置的基本要求有：

（1）安全可靠。生产操作中需要关闭时能保证严密不漏气；检修时切断煤气来源，没有漏入停气一侧的可能性。

（2）操作灵活。煤气切断装置应能快速完成开、关动作，满足生产要求。

（3）便于控制。煤气切断装置须适应现代化企业的集中自动化控制操作。

（4）经久耐用。配合煤气管道使用的煤气切断装置必须考虑耐磨损、耐腐蚀，保证较长的使用寿命。

（5）维修方便。煤气切断装置的密封、润滑材料和易振件应力要求在保证煤气正常输送中进行检修，日常维护中便于检查，能采取预防或补救措施。

（6）避免干扰。煤气切断装置的开关操作应不妨碍周围环境（如冒煤气），也不因外来因素干扰（如停水、停电、停蒸汽等）无法进行操作或使功能失效。

1-77 冶金企业常用的煤气切断装置有哪些？

常用的煤气切断装置有闸阀、水封、球蝶阀、对夹式耐腐蚀衬胶蝶阀、密封蝶阀、盲板阀。

1-78 煤气管道上安装的水封有哪三种类型？

煤气管道上安装的水封有缸形水封、隔板水封和 U 形水封三种形式：

（1）缸形水封。一般用于低压煤气设施，装在闸阀后，这对停气检修十分方便。缸形水封的主要缺点是插入管易腐蚀，日常无法检查，一旦出现穿孔降低了水封的有效高度，使水封失效封不住煤气引起事故；其次是煤气阻损较大，故使用范围受到限制。

（2）隔板水封。一般附属某一设备使用，隔板水封的缺点和缸式水封相似，隔板腐蚀穿孔漏气难以事先预防且阻损较大。

（3）U 形水封。与前两种比较，它制水封高度的溢流管在外，便于维修检查，其煤气阻损相对小些，故使用比较普遍。

1-79　水封作为煤气切断装置存在哪些缺点？

（1）必须有可靠的水源，对于重要部位设置的水封要有备用高位水箱，以保证断水时的操作。

（2）必须与蝶阀或闸阀、放散阀等装置联合使用才可靠，否则一旦发生煤气压力升高（如爆炸）突破水封有效高度，水被高压煤气吹走就会造成严重事故。水封不能视为可靠的切断装置单独使用。

（3）操作时间长。注水和放水需要很长时间，不适应操作变化的需要，必要时应安装专用泵以保证 5~15min 注满水。

（4）冬季寒冷地区使用水封易出现冻结，因此维护量大。

（5）煤气阻力大，不利于煤气输送。

由于以上情况在煤气管道上不宜广泛设置，当然也不能因此而禁止使用，要根据具体情况决定。

在停气检修用水封切断煤气时，要同时关闭联用阀门，并打开停气侧的放散管，生产时要保持水封连续排水，冬季要防寒保温，日常要注意设备防腐。

1-80　煤气水封给水管上应采取什么安全措施？

（1）在水封给水管上设 U 形水封或逆止阀，防止水压低时煤气倒灌。

（2）对直径较大的煤气管道使用水封可就地设泵给水，以保证水封在 5~15min 内灌满水。

1-81　带煤气抽（或堵）盲板作业前有哪些准备工作？

（1）检查操作平台、盲板（或垫圈）及牛腿是否符合要求。

（2）检查螺栓情况，并加好油。

（3）准备好顶开盲板法兰的工具、备用的石棉板和更换的螺栓。

（4）检查空气呼吸器是否好用，空气瓶压力保持在 10MPa 以上。

（5）带煤气作业，必须做好安全交底，做到分工明确。

（6）开危险作业证，煤气防护站人员到场监护。

（7）做好警戒工作。

1-82　煤气调节蝶阀的调节功能怎样？

煤气管道上安装的调节蝶阀因其阀板与阀体之间有 0.25% 直径的间隙，所以开启 10°没有明显节流作用，同样，阀板开度过大，由于其本身挡住了一定的流通面积，超过 70°也不起作用了。蝶阀节流的最佳调节位置是 40°～50°之间，这阶段调节最灵敏。这是调节控制最小流量时必须考虑的问题。

1-83　怎样选择煤气调节阀的阀径？

煤气流量的调节与调节阀直径大小有直接的关系。阀直径过大，开度很小就会出现流量剧烈变化，使工况难以稳定；阀直径过小，助力损失太大，技术经济效果不好，甚至不利于生产。由于通过蝶阀的最大流量时阻损最大，因此要选择在允许的压力阻损范围内取阀径最小的。一般要求蝶阀开启 60°时能通过最大流量的 90%较为适宜，也可根据经验按高炉煤气流速为 10～12m/s 来确定。

1-84　用氮气作为煤气设备及管道的吹扫气时一般用气量为多少？

吹扫用气量为煤气设备及管道容积的 3～5 倍。

1-85　吹扫用的煤气放散管高度怎样确定？

吹扫用煤气放散管的高度以出口计算，必须高出煤气管道顶部、操作平台的操作部位 4m 以上，并要求离地不少于 10m，厂房及邻近厂房（10m 净距）的煤气管道用放散管必须高出房檐和天窗口。

放散管出口应采取防雨措施，如加防雨锥形帽等。

放散管应考虑防风，根部加固并设挣绳。

1-86　哪些装置必须设吹扫放散阀？

煤气设备和管道的最高处和煤气管道以及卧式设备的末端应设吹扫放散阀；煤气设备和管道隔断装置前，管网隔断装置前后，支管闸阀在煤气总管旁0.5m以内，可不设放散阀，应设放气头。

1-87　煤气管道的操作平台一般要满足哪些条件？

操作平台载重为200kg/m^2，每个操作面宽度不少于800mm，长度满足工作需要。高于2m的平台应加防护栏杆，其下部附有150mm高的挡脚板，平台与地面一般用直梯连接，经常去人的平台应按设45°~70°斜梯，2m以上平台的直梯应设安全围栏，其高度应适合佩戴防护用具的人员通过。两层操作平台的间距（垂直）不少于2m，过人平台上部的净空不得低于800mm。

1-88　煤气管道的接地装置有什么要求？

为防止煤气管道雷击和电产生火源，一般有300m范围内至少设一处接地装置。在基础附近打入深度不少于2.5m，能接触潮土的直径50mm的钢管桩（或50mm×5mm角钢），桩间距4m。在桩端部用一40mm×4mm扁钢连接，并在中间部位用同样扁钢成丁字焊接，另一端接钢管架桩或沿钢筋混凝土管架上接管壁。所有焊接点都必须除锈后焊接，以保证其导电良好，安装后测试的对地电阻不得超过10Ω，否则应采取补救措施直至合格。

1-89　煤气在管道内流动时为什么会产生压力降？

由于煤气具有黏性，所以在流动中会有摩擦阻力损失，有阻力损失就要引起流体的机械能、动能下降；同时煤气在流动中遇到管道局部突变（进口、出口、弯头、变径、阀门）也会产生阻力损失，因此，煤气在管道内流动时会产生压力降。

1-90 什么是沿程阻力损失，什么是局部阻力损失？

沿程阻力损失产生在整个气体流动路程上，由于流体的黏性和流体质点之间的互相碰撞而产生，它与管道长度成正比，与管道直径成反比，即管道越长沿程阻力损失越大，管道直径越大，沿程阻力越小。

管路上的流动阻力除管壁所引起的摩擦阻力外，还包括管路局部位置，如进口、出口、弯头、变径、阀门等处额外出现的阻力，产生大于同样长度的直管所受的阻力，这种由于在局部地方流动受到障碍和干扰而产生的附加阻力称为局部阻力损失。

1-91 减少煤气阻力损失的主要措施有哪些？

（1）选取适当的煤气流速。阻力损失随流速增大而急剧增加，所以流速过大，会带来大的压降，增加能耗；但流速过小，又会造成管道断面增大，浪费材料占用较大的空间；

（2）尽量减少管道长度。

（3）尽量减少管道的局部突变，以减少局部阻力损失，时常用断面的逐渐变化代替断面的突然变化、用圆弧拐弯或折弯代替直角转弯、合理地选择阀门及阀门直径以及合理设计三通等。

（4）生产运行中避免积灰（污泥）、积水等。

1-92 高炉使用 TRT 有何优缺点？

TRT 的全称是高炉煤气余压透平发电机组，回收高压高炉煤气剩余压力能。其缺点有：

（1）对煤气湿法除尘的高炉使用效果差。

（2）煤气水中含水量大时，容易造成煤气温度低与堵塞过滤网，影响运转效率。

（3）一次性投入较大。

其优点有：

（1）节能降耗，利于环保，稳定生产，投资回收率高，高炉煤气干法除尘的高炉效果更好。

(2) 对高炉炉顶煤气能起到稳压作用，利于炉况顺行。

(3) 操作维护简单可靠。

1-93 简述高炉煤气炉顶取样的方法。

这种煤气取样方法是以低压的料钟式高炉为主，由人工进行取样，其方法是：取样的位置在炉喉钢砖下0.8~1.3m，方向根据4个上升管的方向确定，各上升管对应方向上有一取样孔，因为4个上升管影响着炉内的煤气流分布，具有代表性，确定取样点的方法有两种：

(1) 第1点在炉喉以下距炉墙50mm处，第5点在高炉的中心，第3点在大钟边缘垂直处。2点在1、3点中心，4点在3、5点中心。

(2) 第1点和第5点与上相同，2、3、4点按1、5点等分确定。

1-94 炉顶煤气取样与除尘器取样的目的和意义是什么？

炉顶取样在于分析炉顶CO_2的5点含量，它表明煤气流分布是否合理、高炉炉况发展情况以及高炉煤气的利用程度，给高炉操作提供依据。对高炉降低焦比提高产量有重要意义。除尘器取样目的在于分析高炉煤气的化学成分与热值。目前都是高压无料钟高炉，煤气取样是在净煤气管道处，在线进行取样分析，主要是分析高炉煤气成分，了解高炉煤气利用率，对高炉冶炼提供操作依据；同时可以了解煤气热值的变化。

1-95 煤气危险作业指示图表的主要项目有哪些？

煤气危险作业指示图表的主要项目有：

(1) 作业名称和计划时间。

(2) 作业目的和主要工程项目。

(3) 准备工作，包括搭盲板架、做盲板垫圈、焊制斜鱼、设吊具、安蒸汽头及换螺丝、割障碍物等，以及谁来负责。

（4）处理煤气步骤和送煤气步骤。

（5）安全措施。

（6）指挥组织机构人员。

1-96　为什么规程规定在点炉时必须先给火后给煤气？

根据煤气爆炸条件分析，发生爆炸的原因有：一是形成爆炸性混合气体浓度；二是达到着火点。如果先给煤气的话可能在某一时刻里，煤气与空气达到爆炸性混合气体浓度，假如此时给火，两个条件同时具备，就要发生爆炸，相反，如果先给火，再给煤气，在没有形成爆炸性混合气体浓度时就可燃烧，则避免了煤气爆炸。为此要先给火后给煤气。

1-97　煤气燃烧方法有哪三种，各有什么特点？

煤气的燃烧方法可根据煤气和空气混合方式不同分为扩散（有焰）式燃烧、大气（半焰）式燃烧和无焰式燃烧三种。

（1）扩散（有焰）式燃烧是指煤气在燃烧前不预先混入空气，点火燃烧后，燃烧所需的氧气依靠扩散作用从周围空气获得。优点：燃烧稳定，燃具结构简单，燃气压力要求不高（压力最小为 200 ~ 300Pa）。缺点：由于燃烧所需的氧气由四周供给，要求燃烧室容积大，过剩空气系数大，火焰长，易产生不完全燃烧，且燃烧温度与热效率低。

（2）大气（半焰）式燃烧是指煤气在燃烧前，预先混入一部分燃烧所需空气，另一部分所需氧气从是点燃煤气后从周围空气中供给。优点：燃烧的过剩空气系数小，燃烧效率高，燃烧室容积也可比扩散式小，并可在较低压力下，不需特殊装置进行燃烧。缺点：对预先混入空气量的控制及燃气组分要求较高，对燃具的设计和制造要求也较高。

（3）无焰式燃烧是指煤气燃烧所需要的全部空气，在燃烧前完全均匀混合，设置专门的火道，使燃烧区内保持稳定的高温。优点：过剩空气系数小，燃烧完全，燃烧温度高。缺点：燃烧稳定性差，易产生回火现象，调节比小；对煤气的热值和密度要求高，对热负荷要求大时，结构笨重并有噪声。

1-98　在煤气设备上动火必须遵守什么原则？

在煤气设备上动火必须遵守的原则有：

（1）正常生产时动火，事先应办理动火证、准备防毒面具和消防器材，防护人员必须在场，煤气压力必须保持正压，只准电焊。

（2）在长期停止使用的管道或管道末端（盲肠）上动火，首先必须保持正压，动火前还应开启管道末端放散管，放一段时间。

（3）高炉短期休风时，有反充煤气保持正压的设备可以动火，煤气压力低或易产生负压的煤气设备不许动火。

（4）休风时必须驱尽残余煤气后，经检验合格方可动火。

1-99　处理煤气时通蒸汽或氮气的作用是什么？

通蒸汽或氮气的作用有以下三点：

（1）保持正压。这是一个主要作用，为严防在处理煤气过程中，系统产生负压，吸入空气，形成爆炸混合气体，用通蒸汽或氮气的方法来确保系统正压。

（2）稀释煤气浓度。较高的煤气成分是形成爆炸性混合物的根源，采用通蒸汽或氮气的方法可将煤气成分冲淡，及至消除爆炸条件。

（3）降温作用。炉顶温度过高，用蒸汽或氮气来抑制，另外管道着火，一般对管径较大的管道，也往往采用通蒸汽或氮气的方法来降温、降低煤气浓度灭火。

1-100　高炉休风煤气设备通蒸汽后再用空气置换煤气的理论依据是什么？

处理煤气的理论依据是利用煤气、空气的重度不同，使煤气由低处向高处逐渐被空气置换，把煤气驱除设施之外。

1-101　高炉用空料线法停炉过程中需休风时要注意什么？

空料线法停炉过程中休风时，严禁往炉内打水，并要将炉内煤气点燃，更换风口作业，必须待炉内火焰燃烧稳定后方能进行。如水积在料面上碰到红焦或铁水立刻汽化，发生爆炸。

1-102　高炉煤气着火的必要条件是什么，发生原因有哪些？

高炉煤气发生着火事故的必要条件有：

（1）要有足够的空气或氧气。

（2）要有明火、电火或达到高炉煤气着火温度。

高炉煤气着火的发生原因很多，主要是煤气设备泄漏遇火引起着火事故，如：

（1）煤气设备和煤气管道泄漏煤气，碰到火源。

（2）带煤气作业使用铁质工具产生火花。

（3）在已停产的煤气设备上动火，不采取必要的防火措施而引起着火。

（4）发生煤气爆炸也能使邻近的煤气管道损伤泄漏而着火。

（5）煤气泄漏点有电火花引起着火。

（6）接地失效，雷击发生着火遇泄漏煤气。

1-103　如何预防煤气着火事故的发生？

防止煤气着火的根本办法就是破坏或避免煤气着火的两个必要条件（有足够的空气或氧气和有明火、电火或达到容器内煤气的着火温度）同时存在，只要不具备这两个必要条件就不会发生着火事故。为此必须做到：

（1）保证煤气设备及管道的严密性，经常检查发现泄漏及时处理。

（2）在煤气设备上动火要先办好动火证，并严格执行落实各项安全措施。

（3）煤气区域及煤气作业，要有严格的火源管理制度。

（4）设备及管道要有良好的接地线，电气设备要有完好的绝缘及接地装置，对接地线要定期检查测试。

（5）带煤气作业时，要严格控制火源，工具在使用过程中必须采取有效措施不产生火花。

（6）在煤气设备及管道附近不准堆放易燃易爆物品。

（7）凡在停产设备上动火，必须做到：

1）可靠地切断煤气来源，并认真处理干净残留煤气。

2）检测管道和设备内气体合格。

3）对设备内可燃物质清理干净，或通入蒸汽，动火始终不能中断蒸汽。

（8）高炉煤气设备及管道下列部位较易造成泄漏，应经常检查，这些部位有放散阀、卸灰阀、给料机轴头、盲板阀、切断阀拉杆、燃烧阀拉杆、法兰、膨胀器、焊缝口、计量导管、蝶阀轴头等。

1-104　煤气着火怎样处理？

（1）由于设备不严而轻微小漏引起的着火，可用湿泥、湿麻袋等堵住着火处灭火。火熄灭后再按有关规定补好漏处。

（2）直径小于 150mm（或 100mm）的煤气管道着火时，可直接关闭阀门切断煤气灭火。

（3）直径大于 150mm（或 100mm）的煤气管道着火时，切记不能突然把煤气闸阀关死，以防回火爆炸。

（4）煤气大量泄漏引起着火时，采用关阀降压通入蒸汽或氮气灭火。在降压时必须在现场安装临时压力表，使压力逐渐下降，不致造成突然关死阀门引起回火爆炸。其压力不能低于 49 ~ 98Pa（最低煤气压力）。

（5）煤气设备烧红时，不得用水骤然冷却，以防管道和设备急剧收缩造成变形和断裂。

（6）煤气设备附近着火，影响煤气设备温度升高，但还未引起煤气着火和设备烧坏时，可正常供气生产，但必须采取将火源隔开并及时熄灭。当煤气设备温度不高时，可用水冷却设备。

（7）使用高热值煤气的高炉，高热值煤气设备内的沉积物，如萘、焦油等着火时，可将设备的人孔、放散阀等一切与大气相通的附属孔关闭，使其缺氧自然熄灭，或通入蒸汽或氮气灭火。熄火后切断煤气来源，再按有关规程处理。

1-105 发生煤气中毒的机理是什么？

因为煤气中含有大量的CO，CO是无色无味的气体，化学活动性很强，能长期与空气混合在一起。CO被吸入人体后，与红血球中的血红素结合成碳氧血红素，使血红素凝结，破坏了人体血液的输氧机能，阻碍了生命所需的氧气供应，使人体内部组织缺氧而引起中毒。

CO与血红素的结合能力比氧与血红素的结合能力大300倍，而碳氧血红素的分离，要比氧与血红素的分离慢3600倍，当3/4的血红素被CO凝结后，人很快就会死亡；当碳氧血红素为1/5时，人即发生喘息；1/3时发生头痛、敏感和疲倦；1/2时发生昏迷，并在兴奋时发生昏厥；4/5时呼吸停止并迅速死亡。

1-106 煤气中毒分为哪两种？

煤气中毒分为急性中毒和慢性中毒。

1-107 煤气中毒程度分为哪几种？

煤气中毒程度一般分为轻度、中度和严重中毒三种。

（1）轻度中毒。症状表现为中毒者心跳加快、精神不振、头痛、头晕，有时有呕吐、恶心。

（2）中度中毒。症状表现为中毒者脉搏加快而弱、心慌、昏迷、呼吸急促、烦躁不安、知觉敏感降低或丧失、意识混乱、瞳孔扩大、对光反射迟钝、血色为桃红色、患者处于昏睡之中。

（3）严重中毒。在中度中毒情况下，再吸入CO就变成严重中毒，其症状表现是：口唇成桃红或紫色，指甲花白，手脚冰凉、脉搏停止，心脏跳动沉闷而微弱，失去知觉，瞳孔放大，对光无反射，有时患者还会抽筋、大小便失禁，处于假死状态，如不及时抢救就会死亡。

1-108　造成煤气中毒的原因有哪些？

煤气中毒原因很多，主要是在人们生活和工作地方，不应有煤气却出现了煤气；知道有煤气而不采取措施直接在煤气区域工作；可能出现煤气区域没有安全警示警告标志等。一些具体情况如下：

(1) 煤气设备泄漏没有及时发现，或已发现而又不及时处理。

(2) 在超过国家卫生标准的煤气区域工作而又没有防护措施，如不戴防毒面具。

(3) 在可能出现煤气的设备附近休息、打盹、睡觉。

(4) 煤气设施吹扫放散煤气没有做好警戒工作，进煤气设备工作没有做好检测确认工作。

(5) 煤气倒灌到蒸汽及水管内引起人员中毒。

(6) 可能出现煤气的区域，在显眼处没有挂安全警告标志和安全管理不严，人员随意通行。

(7) 管网系统压力波动过大，超过水封安全要求，造成水封压穿，煤气泄漏。

1-109　如何防止煤气中毒事故的发生？

从根本上说要防止煤气中毒事故的发生，主要方法有两种：一是不使煤气泄漏到空气中；二是带煤气作业一定要佩戴空气呼吸器、氧气呼吸器或采取其他安全措施，可能出现煤气的区域在显眼处挂安全警告标志。具体措施有：

(1) 严格执行煤气安全规程和制度。

(2) 煤气单位上岗人员必须经考试合格，否则不能单独工作。

(3) 到煤气区域工作必须办好危险作业许可证或动火证，落实好安全措施。

(4) 进入煤气设备内部工作，必须检测煤气合格确认后进行。

(5) 对煤气设备要有定期检查泄漏制度，发现泄漏及时处理。

(6) 对新建、扩建、改建或大修后的煤气设备，在投产前必须进行气密性试验，合格后方可投产。

(7) 处理设备漏煤气或带煤气作业，必须佩戴呼吸器。

(8) 不准在煤气区域停留、睡觉和取暖；进煤气区域检查、工作要随身携带便携式 CO 报警器，二人同行禁止单独进行；发现问题及时处理。

(9) 蒸汽管道不能与煤气管道长期联通，用完后立即断开，防止煤气倒灌造成中毒，水管应装逆止阀，以防断水时倒灌煤气。

(10) 煤气区域在显眼处应挂明显的安全警告牌。

1-110 进煤气设备作业或设备检修动火时有哪些注意事项?

(1) 煤气设备停煤气检修时，必须可靠地切断煤气来源，要求安装盲板，并将内部煤气吹扫干净。长期检修或停用煤气设施，必须打开上、下各部人孔、放散管等，保持设备内部的自然通风。

(2) 进入煤气设备内工作时，应该取空气样品进行 CO 含量分析：CO 含量不超过 30mg/m^3 时，可连续工作较长时间；CO 不超过 50mg/m^3 时，进入煤气设备内连续工作时间不得超过 1h；CO 不超过 100mg/m^3 时，进入煤气设备内连续工作不得超过 30min；CO 不超过 200mg/m^3 时，连续工作时间不得超过 15～20min；在 CO 超过 300mg/m^3 时，不得进行工作。

（3）进入煤气设备内部工作的时间间隔至少在2h以上。

（4）进入煤气设备内部工作，安全分析取样时间不得早于进设备内部前30min；检修动火工作中每2h必须重新分析，工作中断恢复工作前30min，也要重新分析，取样要有代表性，防止死角，当煤气密度小于空气时，取中上部各一气样。

（5）经CO含量检测合格确认后，允许进入煤气设备内工作时，还应采取防护措施并设专职监护人。

（6）带煤气作业或煤气设备上动火，必须开具危险作业证或动火证，落实各项安全措施并做好确认工作。

（7）带煤气作业，如带煤气抽盲板这样危险作业不宜在雷雨天进行，作业时应有煤气防护站人员在场监护，操作人员应备有空气呼吸器，并遵守下列规定：

1）工作场所应具备必要的联络信号、煤气压力表及风向标志等。

2）距离工作场所40m以内，禁止有火源并应采取防火措施；禁止行人通行，做好警戒工作。

3）距离工作场所10m以内，不准安装普通照明灯，可装防爆灯。

4）不得在具有高温源的炉窑、建筑物内进行带煤气作业，如需作业，必须采取可靠的安全措施。

（8）在运行煤气设备上动火，设备内煤气应保持正压，动火部位要可靠接地，在动火附近要装压力表或与附近仪表室联系，只准电焊。

（9）在停运的煤气设备上动火，还必须做到以下几点：

1）用盲板可靠切断煤气，用可燃气体测定仪测定合格，并取空气样分析，其含氧量接近作业环境下空气的含氧量。

2）将煤气设备内易燃物清扫干净或通蒸汽，确认在动火全过程中设备内的挥发物不形成爆炸性混合气体。

3）进入煤气设备内部工作时，照明灯的电压不得超过12V。

1-111　什么叫做煤气爆炸？

煤气爆炸是煤气在瞬时燃烧并产生高温、高压的冲击波，从而造成强大的破坏力，这就叫做煤气爆炸。

1-112　发生煤气爆炸的条件是什么？

条件是在一定容器内，煤气中混入空气或空气中混入煤气，达到一定的比例（即爆炸范围），遇明火、电火或与达到着火温度的物体相遇，或者达到该煤气的燃点以上温度，在上述两条件同时具备的情况下，才能发生爆炸。

1-113　发生煤气爆炸的原因有哪些？

产生煤气爆炸的原因是在煤气设备内具备了煤气爆炸的两个条件：煤气与空气或氧气混合进入爆炸极限范围内形成爆炸性气体，爆炸性气体遇明火或达到能使煤气燃烧的温度。一些具体情况如下：

(1) 煤气来源中断，管道内煤气压力降低形成负压吸入空气，煤气与空气混合形成爆炸性气体，遇火发生爆炸。

(2) 煤气设备停气检修时，煤气未吹扫合格或没有把煤气彻底切断，未落实好安全检测措施，急于动火造成爆炸。

(3) 堵在设备上的盲板，由于年久腐蚀造成泄漏，动火前未做试验，造成爆炸。

(4) 窑炉等设备正压点火。

(5) 违章操作，先送煤气，后点火。

(6) 强制供风的窑炉，如鼓风机突然停电，造成煤气倒流，也会发生爆炸。

(7) 焦炉煤气管道及设备停用时间长，设备内的积存物挥发，像萘升华气体与空气混合达到爆炸范围，遇火同样发生爆炸。

(8) 热风炉点不着火，没有对炉内的煤气进行处理就重新点火。

(9) 煤气设备（管道）引上煤气后，未作爆发试验，就点火使用。

1-114　怎样预防煤气爆炸?

为了防止煤气爆炸，首先就要杜绝煤气和空气的混合物形成爆炸性混合气体；其次要避免高温和火源接触爆炸性混合气体。因此要做到以下几点：

(1) 送煤气前，对煤气设备及管道内的空气须用蒸汽或氮气赶净，然后用煤气赶蒸汽或氮气，并逐段做爆发试验，合格后，方可点火使用。

(2) 正在生产的煤气设备和不生产的煤气设备必须用盲板可靠切断。

(3) 对要点火的炉子需作严格的检查，如烟道阀是否全部开启、热风炉吹扫氮气压力是否满足要求、炉顶温度是否在800℃以上、煤气压力和助燃空气压力是否满足烧炉要求，确认后方可点火。

(4) 在已可靠切断煤气来源的设备及煤气管道上动火时，一定要经检查、化验合格后，方可动火。对长时间未使用的煤气设备动火，必须重新进行检测，鉴定合格方可动火。

(5) 在运行中的煤气设备或管道上动火，应保证煤气的正压力，只准用电焊，不准用气焊，同时要有煤气防护人员在场。

(6) 凡停产的煤气设备，必须及时处理残余煤气，直到合格。

(7) 煤气用户应装有煤气低压报警器和煤气低压自动切断装置，以防回火爆炸。

(8) 检修后投产设备，送煤气前，除严格按标准验收外，必须认真检查有无火源，有无静电放电可能，然后才按第（1）条的规定送煤气。

(9) 停、送煤气时，下风侧一定要管理好明火。

1-115 发生煤气爆炸时怎样处理?

发生煤气爆炸事故，一般是煤气设备被炸损坏，大量冒出的煤气着火。接着可能发生煤气中毒、着火事故，或者发生二次爆炸。所以，发生煤气爆炸事故后应立即向相关部门汇报并采取以下措施：

(1) 应立即切断煤气来源，并迅速把煤气处理干净。

(2) 对出事地点严加警戒，绝对禁止通行，以防更多人中毒。

(3) 在爆炸地点40m之内禁止火源，以防止着火事故。

(4) 迅速查明爆炸原因，在未查明原因之前，不准送煤气。

(5) 组织人员抢修，尽快恢复生产。

(6) 煤气爆炸后，发生着火事故，按着火事故处理；发生煤气中毒事故，按煤气中毒事故处理。

1-116 高炉煤气、焦炉煤气、天然气着火温度及爆炸范围是多少?

高炉煤气爆炸范围为40%~70%，着火点700℃，焦炉6%~30%，着火点650℃。天然气5%~15%，着火点550℃。

1-117 净煤气压力过低为什么要将燃烧炉停烧?

为了保证煤气管网的安全运行，尤其是管网末端用户煤气压力波动较大，防止压力过低，管网产生负压，吸进空气，产生爆炸。压力小于1000Pa必须停烧。

1-118 用氮气赶煤气或用蒸汽赶空气时要注意什么?

用氮气赶煤气时要先将煤气设备敞开后，再通氮气；用蒸汽赶空气时不要先关蒸汽再通煤气（主要是防止重新吸入空气或吸瘪设备)，要先通煤气再关蒸汽。

1-119　如何组织煤气事故的抢救？

（1）不管发生什么煤气事故，第一件事都是向相关单位报警，如防煤气防护站、煤气调度、消防部门和安全部门，如是中毒事故还应向医院求救。

（2）根据事故性质采取相应的措施，如条件许可立即切断煤气来源。

（3）划出事故地点周围 40m 的警戒线，并通知在危险区域内的人员加强防范措施，并视情况撤离现场，防止事故扩大。

（4）查明事故原因。

1-120　日常使用煤气应注意的问题有哪些？

（1）煤气设备、管道不能泄漏。

（2）煤气管网必须正压。

（3）点煤气时先给火源再给煤气。

1-121　煤气设施操作的规定有哪些？

（1）除有特别规定外，任何煤气设备均必须保持正压操作，在设备停止生产而保压又有困难时，则应可靠地切断煤气来源，并将内部煤气吹扫干净。

（2）吹扫和置换煤气设施内部的煤气，应用蒸汽、氮气或烟气为置换介质，吹扫和引煤气过程中，严禁在煤气设施上栓、拉电缆线，煤气设施周围 40m 内严禁火源。

（3）煤气设施内部气体置换达到合格。根据含氧量和 CO 分析或爆发试验确定。

（4）炉子点火时，炉内燃烧系统应具有一定的负压，严格按点火程序进行点火。

（5）热风炉点不着火或者着火后又熄灭，应立即关闭煤气阀门，查清原因，等炉内煤气排净后再按规定重新点火。

（6）热风炉点火时应先小开空气调节阀，再开煤气调节阀等煤气点燃后，再把空气、煤气调节阀调到所需的位置。停烧时先关煤气阀。

1-122 处理高炉炉顶煤气时应注意哪些问题?

处理煤气时应注意：

(1) 炉顶点火料面不宜过深。

(2) 长期休风期间，切忌冷却水漏水。

(3) 炉顶点火灭掉再进行点火时，应在点火前通知炉顶和风口周围人员离开。

(4) 如在排煤气过程中发生爆炸，应立即检查确认盲板阀有无倒好，吹扫的氮气或蒸汽是否开通；炉顶的点火是否灭掉，确认煤气来源隔断后，迅速打开各人孔，使整个煤气系统与大气相通。

1-123 高炉开炉引煤气的条件有哪些?

开炉时，煤气中 CO 及 H_2 含量很高，易发生爆炸，加上送风初期风量较小，炉料不能正常下降，常发生悬料、崩料现象，因此开炉初期的煤气一般都放掉，而不进行回收利用。回收利用煤气引气条件是：炉料顺利下降，基本消除了悬料与崩料现象；风量稳定在较高水平，所有送风口全部完全燃烧，炉顶煤气分析 O_2 质量分数小于 0.6%，炉顶煤气压力大于 3kPa；按引煤气规程执行。煤气经爆发试验合格，向煤气厂煤气管网送煤气。

1-124 简述煤气管网送煤气步骤。

(1) 全线准备工作及安全保障检查满足送气条件。

(2) 打开末端放散阀，监视四周环境变化。

(3) 抽盲板。

(4) 从煤气管道的始端通入氮气或蒸汽以置换内部空气，在末端放散管附近取样试验至含氧量低于 2%，关末端放散阀停止通氮气；如通蒸汽置换空气，见末端放散管出现白色蒸汽逸出即可，但通煤气前切忌停气以免重新吸入空气，更不能关闭放散阀停气使煤气管道出现真空抽瘪事故。

（5）开盲板前蝶阀，以煤气转换氮气（蒸汽在开阀门后关闭），在管道末端放散处取样，做燃烧试验至合格后关闭放散管。

（6）全线检查安全及工作状况。

（7）全线正式供气使用。

1-125　单座高炉生产管网怎样引煤气？

（1）引煤气前认真确认是否具备引气条件，全线煤气管网各放散管是否冒蒸汽或煤气。各辖区在接到高炉煤气调度后自查，不得遗漏。

（2）引气前由高炉值班工长通知煤气调度，再由煤气调度通知各用户，各用户按自身工艺技术规程做好引气准备。

（3）调度确认可以引煤气后，通知高炉值班工长引煤气，工长发出引气信号。

（4）煤气通过干法除尘后进入净煤气总管，各放散阀放散 5~10min 后关闭，用自动放散阀调整煤气压力到 4kPa 时，关闭净煤气管道的蒸汽、氮气吹扫点。

（5）净煤气压力的首要调整手段是自动放散阀，当净煤气压力稳定在 6kPa 以上时，可按次序供给各用户。

1-126　高炉停煤气的准备工作有哪些？

（1）高炉需检修煤气管道停气后，其他相关的需继续生产用户的煤气供应方式及生产安排。

（2）切断煤气的蝶阀及盲板检查。

（3）吹扫煤气用的氮气或蒸汽准备，以及吹扫氮气或蒸汽的通风机连接方式安排。

（4）放散管及放散阀门的功能检查。

（5）煤气和氧气检测及其安全措施落实。

1-127　简述高炉煤气管道停气的操作步骤。

（1）全线检查停气的准备工作及安全保障情况。

（2）关闭盲板前的蝶阀。

（3）开末端放散阀。

（4）堵盲板。

（5）通氮气或蒸汽。

（6）排水器由远至近逐个放水驱逐内部残余气体。

（7）接通风机鼓风至末端放散阀附近吹出气含氧 20.5%（质量分数）为合格。

（8）停止鼓风，停气结束。

1-128　特殊情况下高炉休风怎样处理煤气？

特殊情况休风主要是指高炉无计划休风，要求操作果断快速，煤气处理的原则有：

（1）高炉和冷风管道隔断，确保冷风管道内不倒灌煤气。现代高压高炉，如由于鼓风机故障造成的特殊休风，首先要关闭送风炉的热风阀和混风闸阀，防止大量煤气经热风炉和混风进入冷风管道；同时要停富氧防止氧气与进入冷风管道的热煤气相混合形成爆炸性气体。

（2）炉顶、重力除尘和煤气管网隔断。炉顶、重力除尘器通蒸汽保持正压，重力除尘器以后用净煤气管网中煤气冲压。

1-129　高炉长期休风时怎样处理煤气？

（1）高炉与送风系统彻底隔断。关上热风炉的热风阀、冷风阀、混风阀，卸下风口吹管并进行堵泥。根据休风时间的长短决定是否停高炉鼓风机。

（2）高炉与煤气系统彻底隔断。关上与煤气管网联络的盲板阀并进行高炉炉顶点火，净煤气总管盲板前的所有煤气管道、除尘设备进行吹扫煤气。

1-130 高炉煤气为什么不允许直接用压缩空气吹扫?

不允许直接用压缩空气吹扫高炉煤气，主要是因为压缩空气压力高速度快，直接用它吹扫，容易使铁屑与管壁摩擦产生火花给爆炸性气体创造爆炸条件，压缩空气可以作为吹扫蒸汽或氮气的用气。

1-131 煤气防护器材分哪些类别?

根据用途的不同，煤气防护器材可分为监测仪器和防护用具两大类。

(1) 煤气监测仪器能测试作业环境中CO的浓度，可根据不同需要进行声光报警及浓度数字显示，在出现泄漏时，发出警报提醒人员注意，进而采取措施预防各类煤气事故的发生。常用的监测仪有固定式报警仪、便携式监测仪及检漏仪等。

(2) 煤气防护用具是在CO环境中进行作业或救护时，能保证人员呼吸清洁的气体，从而确保人员安全的防护器具，常用的煤气防毒面具有氧气呼吸器、空气呼吸器、防毒口罩、苏生器等。

1-132 怎样用家鸽检测煤气设备吹扫是否合格?

将家鸽放入设备深处，经15min，其神态无异常为合格。

1-133 爆发试验筒是怎样的，怎样使用，试验时有哪些注意事项?

爆发试验筒是用镀锌板卷制成直径为150mm、长400mm的容器，底部用带旋塞放散口、顶部带盖、中上部有手柄的筒。

试验方法：采样时打开爆发试验筒的放气旋塞，约1min后关闭旋塞和盖，离开煤气区域点火试验，在筒里可能出现3种情况：第一种，点火时筒内气体不燃烧，表示无煤气；第二种，点火时有爆鸣声，表示是爆炸性气体；第三种，点火时筒内气体燃烧，而且火焰烧到底，表示都是煤气。取样要连续3次，且试验结果相同，才能确定被采的样品是什么性质的气体。

第一种筒内气体不燃烧，也有两种情况：（1）全是空气真正的无煤气；（2）有煤气但没有进入煤气的爆炸极限而不燃烧。因此，其只能作为动火标准不能作为人进入设备工作的标准。

注意事项：

（1）取样时一定要把放散旋塞打开，以便将筒内原有空气排净，否则试验就不真实。

（2）一定要连续3次试验合格。

（3）要离开煤气区域才能点火。

（4）做试验前，操作人员的脸部应避开筒口。

（5）取样完毕不要忘记关取样阀。

（6）取样时应注意风向，人站在上风口，禁止一切火源。

1-134 什么是空气呼吸器？

空气呼吸器是隔离式防毒面具的一种，由面罩、气瓶、呼气阀减压器、导气软管等组成，结构简单，使用方便。使用时由于吸气产生负压，气瓶内压缩空气经调压器减压供人呼吸，而呼出的气体则通过呼气阀排到周围空气中，空气呼吸器属于开放型的防毒用具。这种气瓶的贮气量有限，一般充气后可连续使用2h。

空气呼吸器要设专人保管、维护，使用空气呼吸器前要仔细检查钢瓶内空气压力是否正常、各部分严密性以及呼吸面罩位置。使用后要及时消毒、清洗。

1-135 空气呼吸器结构怎样，工作原理怎样，有何优点，怎么正确佩戴空气呼吸器？

空气呼吸器结构：由面罩、供给阀、减压器，快速接头、气瓶、背托、背具等部件组成。

空气呼吸器工作原理：以自带式压缩空气瓶为气源，呼吸气流的流通方式是自给开放，即随着呼吸量增大而增大。

与氧气呼吸器相比，空气呼吸器的优点有：体积小、重量轻、操作简单、安全可靠、维修方便、佩戴舒适；背板及背带采用碳纤维复合材料制作，起到防静电的作用。

空气呼吸器佩戴方法：佩戴呼吸器前首先确认气瓶、压力是否符合要求，各接头连接是否可靠，需求阀是否能正常工作。确认无误后，双手将器具背上，扣好腰带，收紧背带，打开空气瓶开关，带好面罩，并将头带拉紧（防止气从面罩处侵入）。稍吸一口气，使需求阀正常供气，该器具根据人的呼吸量大小达到自动补给的目的，使用正常、没有不适感方可进入煤气区域工作。

1-136　快速测定空气中 CO 含量的方法有哪些，如何快速使用采样器测定 CO 气体？

快速测定空气中 CO 含量的方法有可燃气体测定仪（CO）或采样器。

采用采样器测定 CO 气体步骤：

（1）先将检测管两端折断，然后把检测管插在采样器进气口上。

（2）把手柄上红三角对准后端盖上红刻线拉动手柄，如果采样 50mL 拉至第一档位；如果采样 100mL 拉至第二档位；如果采样 100mL 以上，采完一次后转动手柄，使红三角与红刻线错开，把手柄推回，往返次数与所需采样体积吻合。

1-137　简述 CO 报警器的使用方法。

便携式检测仪是适用于在有毒环境中，连续检测环境中有毒气体的浓度，并以设定值声光震动的形式警示现场人员尽快离开危险区域的个人防护仪器。

各种类型的检测仪都有设定的检测量程，在这范围内检测结果的读数有效；也有适应环境温度的要求，否则会因使用不当，造成仪器损坏。

1-138 CO 便携式检测仪使用时有哪些注意事项？

CO 便携式检测仪使用时注意事项如下：

（1）检测仪更换电池时，应在安全场所进行（不得在地下室或易爆危险区更换电池），以防换电池时产生火花造成事故。

（2）使用中传感器的口应裸露在外（不能放在口袋里或挂在衣服内侧）。

（3）使用中传感器要注意防水和杂质，否则影响检测的灵敏度。

（4）检测的读数应在仪器规定量程内，不能长时间使仪器处于超量程状态。

（5）检测仪应在-30～50℃温度范围内的检测环境中使用，否则会损坏仪器，影响测定结果（各类型的检测仪的环境温度要求不同）。

（6）检测仪在使用中不得直接对着带压的煤气泄漏点。

（7）使用中检测仪会受其他气体干扰（信号出现负数）。

（8）报警仪使用完后要关闭并妥善保管。

1-139 什么是苏生器？

苏生器是一种自动连续对患者进行强制供氧和自主呼吸的急救仪器，它能自动地以 2.0～2.5kPa 的正压将氧气输入患者肺内，然后以 1.5～2.0kPa 的负压将患者肺内的气体抽出，从而达到复苏和重新激活心跳的作用。

1-140 正压煤气设施带气堵漏的理论根据是什么？

煤气设施带气堵漏在理论上的解释是：煤气爆炸必须具备的条件是煤气与空气混合形成爆炸性气体，遇明火或能使煤气燃烧的高温。煤气设施只要保持正压，煤气设施内不会进入空气，不会形成爆炸性气体，对煤气设施进行电焊不会发生煤气爆炸事故。即使在堵漏作业中，泄漏出的煤气被引燃，在可控范围内也可以立即用灭火器或者湿抹布扑灭。

1-141　带气堵漏的操作方法有哪些准备工作?

（1）根据泄漏点确定是否搭设堵漏施工平台、走梯；办理危险作业许可证。

（2）清理漏点周围的原有防锈漆、铁锈障碍。

（3）测量漏点大小、形状，判断漏点严重程度，确定堵漏实施方法。

（4）制作堵漏用预制件，准备适量管件。

（5）办理动火证，落实各项安全措施。

（6）施工前安排专人全程检测堵漏管道煤气压力，必须保持正压；压力控制在1000~3000Pa。

（7）堵漏完成后，要对漏点处进行防腐处理，如涂防锈漆等。

1-142　煤气管道裂缝怎样焊补?

（1）准备工作：

1）办理煤气管道焊补动火证，落实各项安全措施，备好防护器材。

2）视焊补位置确定搭设施工架子。

3）安装压力表监视煤气保持正压力1000Pa以上，专人看守。

4）煤气防护人员到场监护。

（2）操作要点：在煤气管道裂缝两端的延长线上起焊，利用金属受热膨胀使裂口收敛，接着将收口已不再喷煤气的一小段逆向施焊，待此段焊完时裂缝又将出现一段不冒煤气的一小段，可以继续用同样的焊法焊接。如此从两端向裂缝中心逐段逆向施焊直至全部焊完。

（3）注意事项：

1）本焊法最适用管道母材开裂，利用钢材本身的主应力使焊缝合拢，避免外喷煤气将熔融金属吹掉，可用于高、低压气体的一般可焊管道及容器。焊补时不降压、不停产进行。

2）焊接人员应站在上风侧，以免中毒及烧伤。焊接时允许煤气着火，煤气压力监护人负责监视煤气压力变化，防止突然下降引起回火爆炸。

3）焊接前无需控制煤气外逸，在裂缝中嵌入东西或中心焊缝进一步扩大将焊口点焊固定都有碍本焊法的实施。

4）由于在裂缝收口后施焊，焊缝的穿透不完全，一般应在全部裂缝焊完后再加焊一遍。

1-143 煤气管道正压焊补的安全措施有哪些，负压安全措施有哪些？

（1）煤气管道正压焊补的安全措施有：

1）开好动火证，备好灭火器。

2）清除焊补点周围易燃、易爆物品。

3）确保压力平稳，并设专人监视，必要时安装临时压力表。压力控制是正压焊补的关键，压力过低容易引起零压或负压，危及管网安全；压力过高，焊滴难以附着于管道的焊缝上。一般煤气压力调控在 1000～3000Pa，也有要求煤气中含氧量（质量分数）不大于 0.8%，设备内的煤气压力应不低于 200Pa，如果是带煤气动火，要求煤气压力低于 3000Pa。

4）焊补人员站在上风口进行作业，以防煤气中毒和烧伤。

5）焊补时只允许采用电焊，不得采用气焊。

6）煤气管道不能作为焊机的回路。

7）煤气防护人员监护。

（2）负压焊补除保证上述措施外，还需做好以下安全措施：

1）焊补前应在裂缝或孔（洞）中嵌入东西，减少空气吸入量。

2）动态分析化验焊补点下方处煤气中的含氧量，应避开煤气爆炸下限。

3）在焊点的上游通入蒸汽。

4）焊补采用CO_2保护焊。

1-144　如何保证动火分析的质量？

（1）取样必须具有代表性，在易燃易爆设备或管道上动火，取样管必须伸入容器内1/2以上的深度。

（2）用球胆采样时，须进行2次以上置换，以保证取样质量。

（3）动火工作中断2h后，如再动火时，必须重新做动火分析，直至合格为止。

（4）在长期停用的设备或管道上动火，取样须在末端及中部，不留任何死角，取样分析须达到3次以上。

（5）分析完毕后，具备动火条件，应由分析员认真填写分析报告单，并填写清楚取样时间、地点、日期，最后签字生效。

1-145　现场采样时应注意哪些安全事项？

（1）进入现场必须戴好安全帽。

（2）采样时应选择好位置，取样工必须站在上风向。

（3）登高作业时应注意安全，必要时应戴好安全带。

（4）在不明确容器内介质是否有毒的情况下，不得进入容器内部取样。

（5）在有毒地区取样时，必须佩戴好防毒面具。

1-146　怎样在运行状态下的煤气管道上钻孔？

（1）煤气管道在以下情况需要带气钻孔：

1）需要吹扫无放散管或取样的管端。

2）需要临时通气或氮灭火，通气解冻。

3）需要增加排水或排污点。

4）需要放固定稳钉折断的蝶阀。

5）需要测定管内沉积物厚度。

6）需要放橡胶球隔断煤气施工。

7）需要安装测温、测压、测量等仪表或导管。

8）需要为新添用户铺设煤气管。

（2）准备工作：

1）根据实际位置确定是否搭施工操作平台和斜梯（地下作坑和坡道）。

2）开动火证，落实好各项安全措施；同时做周围的安全警戒工作，禁止烟火和行人通行。

3）钻孔全套机具包括机架、钻头、铁链、抓钩、机垫、搬把等。

4）施工工具材料，如管链、手锤拉绳以及内接头、阀门、木塞、铅油、衬垫、按口材料等，并将内接头一端先按装好阀门。

5）防毒面具每人一台，并有防护人员在场。

6）焊好固定搬眼机座的螺母并准备好锥端紧定螺钉（管上部钻孔能用铁链固定时可不焊）。

（3）操作：

1）先将搬眼机用锥端紧定螺钉和铁链固定，机底与管壁间垫以 1mm 厚胶垫防滑动。

2）安好钻头、搬把及拉绳。

3）摇动搬把开始钻进，用力要均衡一致。

4）在漏气前佩戴好防毒面具。

5）煤气冒出后继续搬钻至套扣完成为止。

6）卸下搬眼机架。

7）旋退出钻头，用脚踏堵钻孔。

8）带煤气旋上带内接头的阀门。

9）将管头四周焊接加固与管道的连接。

1-147 补偿器裂缝漏气、功能失效怎样处理？

（1）补偿器在非应力集中区裂缝时，同一般管道裂缝顶压补焊。

（2）补偿器在应力集中区裂缝时不能焊补，应制作外套将其封闭，套罩上备有吹扫和放水管，待停气后进行更换处理。

（3）补偿器内导管受阻造成失效或变形时应具体分析是推力方向还是导管内部焊死或异物卡住，视情况分别进行处理，属于外力原因应从管网布置上采取措施，属于本身失效就只有停时处理。

1-148　脱水器上部的集液漏斗腐蚀漏气怎样处理？

煤气脱水器运行时间一长，下水管漏斗就会出现不同程度的腐蚀泄漏，如停气处理更换下水管或者对脱水器移位，需要时间长，处理起来很不经济，处理此种漏点时可以将整个下水管漏斗带气包裹堵漏，实测漏斗尺寸后，在制作间制作一个与现场漏斗相吻合的构件，分为两半，现场对合，进行烧焊。

1-149　如何计算补偿器安装时的预拉伸或压缩量？

补偿器安装时，必须按当时的昼夜大气平均温度进行调整，其预拉伸或预压缩量可按式（1-2）计算：

$$b = \Delta L[t_a - (t_1 + t_2)/2]/(t_1 - t_2) \tag{1-2}$$

式中　b——补偿器在 t_a 温度下的拉伸或压缩量，mm；

ΔL——补偿器的最大补偿量，mm；

t_a——安装时当地昼夜大气平均温度，℃；

t_1——设计时采用的管壁最高计算温度，℃；

t_2——当地室外计算最低温度，℃。

第2章 热风炉结构

2-1 热风炉的结构形式是怎样演变的？

高炉炼铁采用加热鼓风，最早是用铸铁管换热式热风炉，后来改用固体燃料加热的蓄热式热风炉，直到1865年采用了气体燃料加热的蓄热式热风炉。形成了传统内燃式热风炉。由于传统内燃式热风炉的缺点多，不能满足高炉炼铁的发展要求，德国人首先提出了外燃式热风炉的专利；美国人建造世界上第一座外燃式热风炉，1970年开始得到广泛应用，结构形式有地得式、柯柏式、马琴式、新日铁式外燃式热风炉。顶燃式热风炉到20世纪60年代才引起重视并开始研究，出现了不少专利，比较有代表性的有中国首钢的顶燃式热风炉和前苏联"卡鲁金"顶燃式热风炉，目前使用效果最好的是"卡鲁金"顶燃式热风炉。

2-2 传统内燃式热风炉燃烧室有哪几种形式，这种热风炉有哪些缺点？

燃烧室的形式有圆形、眼睛形、复合形（苹果形）三种。传统内燃式热风炉的缺点有：

（1）燃烧室与蓄热室之间的隔墙两侧的温差太大，鞍钢于1967年测定在送风末期隔墙两侧的温差可达700℃以上，再加上使用金属燃烧器产生的严重脉动现象引起燃烧室产生裂缝、掉砖、短路烧穿。

（2）拱顶坐落在热风炉大墙上的结构不合理。受到大墙不均匀涨落与自身热膨胀的影响，而产生拱顶裂缝、损坏。

（3）气流通过蓄热室格子砖很不均匀。当高温烟气由半球形拱顶进入蓄热室时，其气流分布很不均匀，在燃烧室对面气流量最大，而燃烧室两侧附近区域气流量显著减少，这样局部过热和高温区所用砖的抗高温蠕变性能差，造成火井向蓄热室倾斜，引起格子砖错位、紊乱、扭曲；冷风分布也很不均匀，冷风入口的对面隔墙的附近区域和隔墙与大墙相交的两个死角气流强、流速大，流过大量的冷风，由于燃烧期烟气量分配大的区域，恰是送风期冷风流量较小的区域，相反烟气分配较小的区域却又是冷风量分配较大的区域，风温送不高。

（4）由于高炉的大型化和高压操作，风压越来越高，热风炉已成为一个受压容器，加之热风炉壳体随着耐火砌体的膨胀而上涨，将炉底拉成“碟子状”，以致焊缝拉开，炉底拉裂造成漏风。

（5）由于热风炉燃烧、送风是不断的周期性的变换，热风支管也就随着温度的变化而产生上下涨落运动，热风支管和导出口很容易损坏跑风。

（6）耐火砌体与热风炉炉壳之间没有通风道，每次由燃烧改为送风或送风改燃烧时，大墙外的冷风要经过耐火砌体的砖缝来达到内外压力平衡，蓄热室下部砌体由于负荷重，大墙外的风一般都从拱顶通过，这也是拱顶易损坏、炉壳温度高的原因之一。

（7）一座热风炉一个助燃风机，投资大，启动、停机频繁，占地面积大。

2-3　改进型内燃式热风炉是怎样的？

为克服传统内燃式热风炉寿命短、风温低的缺点，就必须进行改造，改造重点是拱顶的结构形式、燃烧室与蓄热室的隔墙、燃烧器及高温区的耐火材料等。

（1）拱顶由传统的半球顶改为悬链线顶或锥形顶，并坐落在箱梁上，重点解决拱顶的破损和气流分布不均的问题，同时大墙与拱顶砌体采取滑动缝连接，能自由移动互不影响，送风改燃烧与燃烧改送风时大墙内外的风可从滑动缝进出，不影响砌体寿命。

（2）在隔墙的中、下部增设绝热夹层和耐热合金钢板，解决燃烧室掉砖和短路问题。

（3）改金属燃烧器为陶瓷燃烧器，改善燃烧，消除脉动，高温火焰不直接冲刷隔墙，减少燃烧室耐火砌体的破损。

（4）燃烧室选用眼睛形，配矩形燃烧器，眼睛形燃烧室占地面积小、气流分布较为均匀，但火井结构不够稳定，为增加隔墙的稳固性，应加大隔墙厚度，使与热风炉大墙滑动接触，大墙上设有滑动沟槽，使隔墙成为独立而稳固的自由涨落结构。

（5）高温区域使用硅砖。

（6）热风炉底板做成圆弧形。

（7）各旋口、三岔口应用组合砖。

（8）热风出口改成喇叭口，起膨胀器作用，改变了烂脖子形象。

2-4 外燃式热风炉按燃烧室与蓄热室的连接形式和拱顶形状不同可分为哪几种结构形式？

外燃式热风炉可分为地得式、柯柏式、马琴式和新日铁式四种结构形式。

2-5 各种结构形式的外燃式热风炉拱顶连接方式是怎样的，各有哪些优缺点？

（1）地得式的拱顶连接方式是：一个以蓄热为半径、一个以燃烧室半径的接近 1/4 球体，之间用半个截头圆锥连接组成。整个拱顶呈半卵形整体结构。主要优点有高度较低，占地面积小；拱顶结构简单，砖形较少；晶间应力腐蚀，比较容易解决。其缺点是气流分布相对较差、拱顶结构庞大、稳定性差。由于拱顶结构庞大，且稳定性差，现在已不使用。

（2）柯柏式的拱顶连接方式是燃烧室和蓄热室均保持其各自半径的半球形拱顶，两个球顶之间由配有膨胀圈的连接管连接。优点有：高度较低，与地得式相似；钢材消耗量较少，基建费用较省；气流分布较地得式好。缺点有：砖形多；连接管端部应力大，容易产生裂缝；占地面积大。由于气流分布较差目前已不再使用。

（3）马琴式的拱顶连接方式是蓄热室顶部有锥形缩口，拱顶由两个半径与燃烧室相同的1/4球顶和一个平底半圆柱连接管组成。优点有：气流分布好；拱顶尺寸小，结构稳定性好；砖形少。缺点有：结构较高；燃烧室与蓄热室之间设有膨胀补偿器，拱顶应力大，容易产生晶间应力腐蚀。

（4）新日铁式的拱顶连接方法是蓄热室顶部有锥形缩口，拱顶由两个半径与燃烧室相同的1/2球顶和一个圆柱形连接管组成，连接管上设有膨胀补偿器。优点有：气流分布好；拱顶对称，尺寸小，结构稳定性较好。缺点有：外形较高，占地面积大；砖形较多（介于柯柏式与马琴式之间）。

2-6 外燃式热风炉有哪些特征，存在哪些问题？

（1）蓄热室与燃烧室分别在两个筒体内顶部通过一定的方式连接，彻底消除了内燃式热风炉的致命弱点。

（2）比较好地解决了高温烟气在蓄热室横截面上的均匀分布问题，新日铁式、马琴式处理得更好。

（3）热风炉炉壳转折点均采用曲面连接，较好地解决了炉壳的薄弱环节。

（4）外燃式热风炉高温区使用高温性能好的硅砖并使用陶瓷燃烧器。

（5）为了使热风炉耐火砌体相邻的两块能咬住，广泛采用带有凹凸子母扣，能上下左右相互间咬合的异形砖，起到自锁互锁作用，提高了砌体的整体强度和稳固性。

（6）普遍地在热风炉炉壳内侧喷一层约50mm陶瓷喷涂料。热风炉投产后在高温的作用下，喷涂料可和钢壳结成一体，对保护钢壳起良好的作用，还起到防晶间应力腐蚀作用。

（7）热风炉的拱顶和缩口坐落在箱梁上（或焊在炉壳上的

砖托上)，在连接部位都设有滑动缝，这样拱顶、缩口、大墙的耐火砌体都可以自由涨落，热风炉送风改燃烧或燃烧改送风时大墙外的风可以从滑动缝进出，防止风从大墙砌体中通过，确保大墙的整体性和牢固性。

(8) 各孔口使用组合砖。

(9) 可以获得高温，延长使用寿命。

外燃式热风炉存在的问题有：

(1) 外燃式热风炉占地面积大、投资高。

(2) 外燃式热风炉壳体因晶间应力腐蚀而引起开裂。

(3) 热风炉炉壳的面积大，热量损失相对其他热风炉多。

(4) 某钢厂高炉使用马琴式外燃式热风炉，新建使用不久相继出现了拱顶坍塌现象，主要原因是拱脚砖外移，拱顶下塌。

2-7 什么是晶间应力腐蚀，发生的原因是什么，预防的措施有哪些？

晶间应力腐蚀是炉壳钢材与腐蚀介质接触，在钢材表面形成电解质，有高电势，在电化学的作用下，使钢板对应力腐蚀有更高的敏感性，晶界的碳化物是腐蚀应力集中之处，引起钢板破裂，裂缝沿晶界向钢材母体延伸、扩大。

造成炉壳晶间腐蚀的原因是：

(1) 外燃式热风炉由于拱顶的不对称结构、焊接、热风炉的状态变换、送风时风压都会发生内应力，应力是发生晶间腐蚀原因之一。

(2) 热风炉炉壳使用的钢材，对硝酸盐和硫酸盐比较敏感。

(3) 外燃式热风炉拱顶温度超过1300℃时，氧与氮和氧与硫发生化学反应生成 NO_x 和 SO_x，再与烟气中的水蒸气因温度降低到露点以下而冷凝的水作用，变成硝酸和硫酸，在炉壳的内表面形成电解质；外燃式热风炉这三个条件都具备就会产生晶间应力腐蚀。

预防措施有：

（1）减少应力的产生和消除应力。在设计时应按压力容器进行低应力设计，防止出现应力集中，焊接后焊缝应消除应力。

（2）选择使用抗应力腐蚀的钢材，避免使用对硝酸盐和硫酸盐比较敏感的钢材，如使用含锰、铝的镇静细晶粒钢。

（3）防止在热风炉顶部炉壳内表面形成电解质，保持钢炉壳温度在露点以上，防止雨水直接淋在拱顶炉壳上使冷凝物生成；在炉壳内表面涂防腐层或在炉壳与衬砖间置填充料，防止腐蚀介质与炉壳接触；炉壳内表面镶型砖；气体燃料脱水和脱硫。

2-8 顶燃式热风炉是怎样的？

顶燃式热风炉是利用热风炉炉顶空间进行燃烧，取消了燃烧室，其结构对称、温度区分明、占地面积小、热损失少、效率高、使用材料少、投资省，是一种高效节能型热风炉。

2-9 顶燃式热风炉有哪些特征？

顶燃式热风炉的特征如下：

（1）顶燃式热风炉取消了燃烧室，从根本上消除了内燃式热风炉的致命缺点。

（2）顶燃式热风炉采用短焰燃烧器，直接在拱顶下燃烧，减少了燃烧时的热损失。

（3）顶燃式热风炉炉顶是稳定对称结构，炉形简单，结构强度好，受力均匀。

（4）顶燃式热风炉的蓄热室、预燃室、燃烧拱顶每两个结合部均留足够滑移缝，换炉过程中，大墙与炉皮间的空气都可以通过滑移缝进出，不需通过砖缝，增强了耐火砌体的稳定性。

（5）顶燃式热风炉温度区域分明，改善了耐火材料的工作条件，下部工作温度低、荷重大，上部工作温度高、荷重小。可以适当提高耐火材料的工作温度，并能延长其使用寿命。

（6）顶燃式热风炉炉形简单，施工方便，省钢材和耐火材料。

（7）顶燃式热风炉，必须选用短焰燃烧器，以保证煤气在炉顶空间完全燃烧。

（8）顶燃式热风炉的燃烧器、燃烧阀、热风阀等设备位置较高，要求配备自动操作设施和检修提升设备。

（9）热风管道从顶部引出，需增加钢架和补偿器。热风管道增加，管道的热损失也相对增加。

（10）由于燃烧阀、热风阀等都在较高的位置，如液压站设在地面，使用的压力也要提高，容易造成故障，某钢厂高炉改进型顶燃式热风炉，开关高处的阀门时振动都比较大，并且很难消除。

2-10 “卡鲁金”顶燃式热风炉在砌筑方面有哪些主要特点？

（1）蓄热室、预燃室、燃烧拱顶每两个结合部均留足够的膨胀和滑移缝，在生产中可以各自自由胀缩、滑移，对另外砌体不产生影响，燃烧拱顶和预燃室载荷通过炉壳直接作用于炉底基础上。

（2）蓄热室部分根据温度的要求不同自上而下采用硅砖、（高铝砖）黏土砖不同材质的 19 孔格子砖组成，在界面采用逐渐过渡，消除两种不同材质耐火砖因性能不同而出现的问题。

（3）“卡鲁金”热风炉的核心部分——预燃室，砌筑上除空气最下面一排垂直方向进入燃烧室外，其他孔道均按一定角度切线方向进入燃烧室。

2-11 球式热风炉是怎样的？

球式热风炉属于顶燃式热风炉，只是不砌格子砖，将耐火球直接装入热风炉的蓄热室内。其结构形式分为落地式和架空式两种：

（1）落地式多为内燃式改造而成，它的炉箅子结构是耐火支柱和可卸的带孔铸铁炉箅子。

（2）架空式多为新建的球式炉，它的炉箅子为耐热铸铁笼形炉箅子。

2-12　ZSD 型热风炉是怎样的？

ZSD 型热风炉其实就是把内燃式热风炉燃烧器移到顶部成为顶燃式热风炉，把原来的燃烧室缩小变成热风通道的热风炉。一般用于小高炉，随着高炉大型化的发展趋势，这种热风炉目前也应该不会再应用了。

2-13　热风炉本体由哪些部分组成？

热风炉本体由炉基、炉壳、大墙、拱顶、燃烧室、蓄热室、支柱、炉箅子等组成，内燃式热风炉还有隔墙。

（1）炉基。承载热风炉的基础就是炉基。由于热风炉的钢结构和大量的耐火砌体及附属设备组成，具有较大的荷重，要求有坚实的基础，不能发生不均匀的下沉和过分沉降。炉基一般有两种形式：一种是将一组热风炉建筑在同一混凝土的基础上；另一种是每座热风炉建有各自独立的基础。不管什么形式的炉基都必须能承受全部荷重，并保持热风炉稳定性。

（2）炉壳。炉壳是由 8~20mm 厚度不等的钢板与炉底一起焊成一个不漏气的整体，其作用为：1）承受砖衬的热膨胀；2）承受炉内气体的压力；3）确保密封。

（3）大墙。即热风炉炉壳内侧靠炉壳砌筑的炉墙，一般由耐火砖、轻质保温砖组成，是保护炉壳和减少热损失的保护性砌体。

（4）拱顶。拱顶是热风炉温度最高部位，除选用优质的耐火材料砌筑外，还必须在高温气流作用下保持砌体结构的稳定性，满足燃烧时高温烟气流在蓄热室横断面上均匀分布。内燃式热风炉的拱顶有半球形、锥形、抛物线形和悬链线形。烟气流在蓄热室分布，悬链线形和抛物线形较好，锥形次之，半球形最差。外燃式热风炉拱顶有地得式、柯柏式、马琴式和新日铁式四种，烟气流分布马琴式与新日铁式为好。传统内燃式热风炉由于拱顶温度最高，并且拱顶坐落在大墙上，须留有 300~500mm 膨胀缝；外燃式和改进内燃式热风炉不留膨胀缝只设 40~50mm 陶瓷纤维绝热层（也起到吸收膨胀的作用）。

（5）燃烧室。燃烧室是燃烧煤气的场所，不同形状的燃烧室对燃烧煤气、烟气在蓄热室的分布、燃烧室的稳定性各不相同，如传统内燃式热风炉的燃烧室横断面形状有圆形、眼睛形、苹果形（复合形）三种：1）圆形燃烧室，结构较稳定，煤气燃烧较好，但筒体内所占面积大，燃烧成的高温烟气在蓄热室内分布很不均匀；2）眼睛形燃烧室筒体内所占地面积小，相对增加了蓄热室面积，烟气经蓄热室分布较均匀，但燃烧室当量直径小，烟气流阻力大，不利于燃烧，结构稳定性也差；3）苹果形取了圆形和眼睛形燃烧室的优点，应用较多。改进型内燃式热风炉使用的是眼睛形燃烧室配矩形燃烧器，用增加隔墙厚度的办法解决结构的不稳定。外燃式热风炉的燃烧室位于蓄热室之外，其断面为圆形。顶燃式热风炉利用蓄热室顶部的空间进行燃烧，不设专门的燃烧室。

（6）蓄热室。蓄热室是进行热交换的主要场所，要么砌满格子砖，要么堆满耐火球，砖的表面或球的表面就是蓄热室的加热面，格子砖或耐火球就是传递热量的介质，蓄热室工作既要求传热快又要求蓄热多。矩形格子砖在蓄热能力及热交换性能方面，优于其他孔形格子砖；圆形格子孔砖有强度高的优点，结构上的稳定性好，目前已被广泛采用；耐火球一般适用于小高炉的热风炉，随着高炉大型化的发展趋势，已逐渐被淘汰。

（7）隔墙。内燃式热风炉的燃烧室与蓄热室之间的墙就是隔墙。其他形式热风炉没有隔墙。

（8）炉箅子和支柱。热风炉是通过炉箅子支撑在支柱上，并将荷载传给炉基。其材质一般都是含硫（质量分数）低于 0.05%的铸铁件。当废气温度较高时，材质可考虑用耐热铸铁，或高硅耐热球墨铸铁。支柱和炉箅子结构应与格孔相适应，故支柱做成空心的，以防堵塞格孔。支柱高度要满足安装烟道和冷风管道的净空需要，并保证气流通畅。炉箅子的块数与支柱相同。

炉箅子的最大外形尺寸，应使其能够从烟道口进出自如，目前为了提高气流在蓄热室均匀分布，普遍增加了烟道出口，缩小了烟道的直径，炉箅子不从烟道口进入，而是在焊接好热风炉底板和部分炉壳时就用吊机把炉箅子和支柱吊进炉内并调整好。热风炉的支柱、炉篦子的用途就是承受蓄热室全部格子砖的重量。

（9）烟囱。烟囱是用来排放热风炉高温废气的设备。用烟囱排烟的优点有：工作可靠，不易发生故障，不消耗动力；能把烟气送到高空，减轻对周围空气的污染；不需要经常检修。

（10）人孔。在设备上设置人孔的作用有：1）检查；2）清灰；3）修理；4）置换气体；5）保证热风炉砌体的完整性和结构强度。

2-14　热风炉烟囱为什么能排烟？

热风炉烟囱能排烟的主要原因是：热风炉排放的高温废气相对密度比空气的相对密度小，相对密度小的气体存在于相对密度大的气体中时，相对密度小的气体就会产生一个向上的浮力，烟囱就是利用这个浮力排烟的。新热风炉烘炉前要先烘烟囱就是为了使烟囱内外产生温度差，使烟囱内气体相对密度小于空气相对密度，从而产生这个浮力。

2-15　热风炉炉底、炉墙砌筑的保证项目有哪些？

（1）耐火材料和制品的品种、牌号，以及泥浆的品种牌号、配合比、稠度符合要求。

（2）砌体砖缝的泥浆饱满度必须大于 90%。

（3）热风导出口、燃烧口和外燃式热风炉炉顶连接管口等周围环宽 1m 范围内，耐火砖必须紧靠炉壳或喷涂层，期间不严密处，泥浆必须饱满。

2-16　砌筑热风炉炉底、炉墙砌体的砖缝怎样检查？

（1）检查数量：炉底表面抽查 2~4 处；炉墙每 1.25m 高抽

查2~4处。

(2) 检查方法：在每处砌体的5m²表面上用塞尺检查10点，比规定砖缝大50%以内的砖缝，不超过以下点数：

合格 Ⅱ类砌体：4点；

Ⅲ类砌体：5点。

优良 Ⅱ类砌体：2点；

Ⅲ类砌体：3点。

热风炉拱顶，起拱的拱脚砖倾斜角度小于15°，耐火砖与炉壳间不能有空隙，如有空隙要填实，不让砖有走动的余地，它们之间用发酵的磷酸盐耐火材料。

2-17 热风炉砌筑大墙容易出现哪些问题？

热风炉砌筑大墙容易出现的问题有：

(1) 泥浆不饱满。砖缝要求小的泥浆较稀，砖缝间气泡的气没有完全排掉；有的施工人员故意用很浓的泥浆把砖缝砌成空心，这样外表很美观、砖缝小，连砖角处泥浆都很饱满，但中心是空的。

(2) 同一层砖的水平度不够，特别是砌缩口时，不加以注意，砌到上面时会出现很大的波浪，这种情况一般都会有明显的三角缝。

(3) 滑动缝与膨胀缝没有严格按要求执行，有的没有放膨胀材料，有的会出现膨胀缝被泥浆、耐火砖碎块等填满，起不到膨胀作用。

(4) 加工砖没有大于整块砖的1/2，同一层多人施工出现多块加工砖，为了少开进砖孔和进砖方便，施工时都会把多层加工砖集中砌在进砖孔处，会出现上下层加工砖砌在同一处，要求是至少要相隔2块砖以上。

(5) 砌拱脚砖时，在15°角以内没有用磷酸盐泥浆灌实，给耐火砖留下了活动余地，生产后会影响拱顶安全。

(6) 耐火砖、保温砖都在同一水平面上，形成窜缝。

2-18　热风炉的总蓄热面积包括哪些？

热风炉总蓄热面积包括燃烧室、拱顶及大墙和蓄热室格子砖总加热面积之和。

2-19　热风炉的燃烧装置包括哪些设备，哪个是关键设备？

热风炉的燃烧装置包括燃烧器、燃烧室、燃烧闸阀等。关键设备是燃烧器。

2-20　热风炉的燃烧装置基本用途是什么？

热风炉燃烧装置的基本用途是在炉子中合理组织煤气燃烧过程，实现最高燃烧温度，把火焰的最高温度组织在热风炉拱顶。

2-21　什么是燃烧器，主要作用是什么？

燃烧器是燃烧煤气器具，也是热风炉的主要设备。其作用是在助燃空气配合下燃烧煤气，它燃烧的好坏影响着烟气最高温度和煤气的利用情况等。

2-22　热风炉主要采用什么燃烧器？

热风炉主要采用陶瓷燃烧器和套筒式金属燃烧器两类。套筒式金属燃烧器一般是传统内燃式热风炉的燃烧器具，已经被淘汰。目前热风炉都是采用陶瓷燃烧器。

2-23　什么是陶瓷燃烧器，陶瓷燃烧器按燃烧方法可分为哪几种，主要区别是什么？

用耐火材料砌筑的燃烧器称为陶瓷燃烧器。按燃烧方法可分为 3 种燃烧器，即有焰燃烧器、无焰燃烧器及半焰燃烧器。主要区别是煤气与助燃空气出燃烧器前有没有混合，没有混合是有焰燃烧器，有部分已经混合是半焰燃烧器，出燃烧器已经全部混合好的是无焰燃烧器。

2-24 有焰燃烧器的典型结构是什么，有何特点及优缺点？

有焰燃烧器的典型结构是套筒式陶瓷燃烧器和矩形陶瓷燃烧器，矩形陶瓷燃烧器一般用于改进型内燃式热风炉。这种燃烧器的特点是：空气和煤气在燃烧器内有各自的通路，中心断面是圆形或矩形的，出口后形成粗大流股，气体在中心通道流动时，阻力损失很小。环道断面是圆形或矩形，气体出口被分割成多个小流股，且以一定的角度流出与中心流股相交、混合。煤气、空气在出口后进一步混合，然后着火、燃烧。这种燃烧器的优点是：结构简单，容易砌筑，对燃烧室掉砖、掉物不敏感，阻力损失小，强制燃烧时燃烧器上表面看不到火焰形状，属悬峰火焰。缺点是燃烧温度比无焰燃烧器低，火焰长，有时燃烧不完全。

2-25 无焰燃烧器的典型结构是什么，有何优缺点？

无焰燃烧器的典型结构为栅格式陶瓷燃烧器。这种燃烧器特点是煤气、空气在燃烧器上部开始混合，在出口处已充分混合，混合气体以众多小流股从上表面流出，在燃烧室中着火、燃烧。其优点是：燃烧火焰短、燃烧稳定，空气过剩系数低，理论燃烧温度高，燃烧能力大。缺点是：结构复杂，不易砌筑，对燃烧室掉砖、掉物敏感。

2-26 半焰燃烧器是怎样的？

半焰燃烧器中心通道走煤气，为使出口处煤气分布均匀，在煤气入口的对面处安装气体阻流板。空气走环道，进入环道后，经中心通道和环道隔墙上的多个矩形孔喷出，在燃烧器中心通道内开始混合，由于矩形孔到出口断面的距离较短，煤气、空气没充分混合，进燃烧室后继续混合，这种燃烧器有点像倒立的改进型顶燃式热风炉燃烧器。这种燃烧器优点是：高径比较小，它结构简单、砌筑方便。三孔燃烧器也属于半焰燃烧器，它的中心通道走高热值煤气（焦炉煤气），中间环道走空气，外环走高炉煤气，在燃烧器出口前少部分煤气、空气已混合。它的特点是燃烧能力大，燃烧稳定，高温烟气在中心热损失少。缺点是结构复杂，而且在阀门等设备安全保证方面要求严格。

2-27 陶瓷燃烧器对材质有什么要求？

由于陶瓷燃烧器的工作处于温度频繁、急剧变化的环境中，送风期陶瓷燃烧器上表面温度略低于风温；燃烧期稍高于空气、煤气温度，在一个周期里燃烧器上部温差很大，特别是在换炉瞬间，燃烧器上部温升（或温降）特别迅速。为了保证燃烧器砌筑体的气密性、整体性和使用寿命，要求耐火材料的线膨胀系数小、抗蠕变性好、热震稳定性好、要求高，一般要求水冷实验，急冷急热次数大于70次。

20世纪90年代以前我国陶瓷燃烧器几乎都用高铝质磷酸耐热混凝土或矾土耐热混凝土预制件；以后由于热风炉大型化和高风温的要求，现在多采用高铝堇青石耐火材料，少数陶瓷燃烧器开拓用莫来石堇青石材料，陶瓷燃烧器下部，除少数用硅线石外，几乎都用高铝或黏土耐火材料。

2-28 陶瓷燃烧器的应用情况怎样？

国内高炉热风炉基本上采用套筒式陶瓷燃烧器。该陶瓷燃烧器经过热态模拟试验和实际热风炉目视，得知火焰长度是燃烧器直径的8~11倍，空气、煤气预热温度高时取下限，不预热时取上限。通过长期的生产实践得知，套筒式陶瓷燃烧器使用中也存在不足之处，如燃烧不稳定和煤气燃烧不完全，这主要原因是燃烧器结构设计有欠缺或燃烧器结构与燃烧室不匹配。就是同一类的陶瓷燃烧器也会因热风炉形式、结构尺寸、燃料种类、气体预热温度和操作参数不同而产生不同的效果，不存在万能的燃烧器。

2-29 陶瓷燃烧器在建筑时要注意什么？

陶瓷燃烧器在建筑时特别要注意燃烧器环道、通道、燃气、空气喷孔大小一定要按图纸施工，绝不能使空气、燃气的通道变小，否则就会影响燃烧器的燃烧能力，影响热风炉的送风能力，为防止孔径变小，在砌筑时可先做一个标准的木架子模型放好再砌砖。

2-30　套筒式金属燃烧器有什么优缺点？

套筒式金属燃烧器的优点有：结构简单，使用的煤气压力低，对煤气含尘量要求不高，煤气与助燃空气混合比的调节范围大，也不容易产生回火现象。

其缺点有：一是煤气和助燃空气混合不好，燃烧不稳定，火焰会跳动，产生脉动燃烧，导致炉体结构产生振动，振动过大会危及结构稳定性；二是从燃烧器出来的火焰和混合气体与燃烧器轴向垂直，火焰直接在隔墙上燃烧、冲刷，使燃烧室内与蓄热室产生较大的温度差，会加剧隔墙的损坏。因此，金属套筒式燃烧器不适应高风温热风炉的发展，目前国内外高风温热风炉均采用陶瓷燃烧器来取代套筒式金属燃烧器。

2-31　热风炉对燃烧器有哪些要求？

(1) 有足够的燃烧能力，满足高炉所需的风温要求。

(2) 煤气和空气混合充分，过剩空气系数小，在燃烧烟气进入蓄热室格子砖前能充分、完全燃烧。

(3) 容易点火，燃烧平稳不产生振动，燃烧阻力小。

(4) 对热风炉内衬损坏小，阀门免受高温。

2-32　助燃空气实现集中供风有什么好处？

助燃风机供风分为单独供风和集中供风两种形式，传统的内燃式热风炉基本上是单独供风，现在大多采用集中供风。

集中供风的优点有：

(1) 避免了单独供风风机频繁启动、风压和风量不易控制的现象。

（2）方便控制，容易实现自动化操作。

（3）方便了对助燃空气净化、预热、消音控制。

（4）占地面积少，维护维修工作量减少。

（5）采用集中供风方式，风机一般采用一备一用，布置灵活，不受场地限制。

2-33　1座高炉为什么要配3座或4座热风炉？

（1）为保证送风连续性。

（2）为防止1座热风炉损坏修理。

（3）为保证工作的可靠性和交叉并联送风技术的应用。

第3章　热风炉提高风温的途径

3-1　使用高风温炼铁的主要意义是什么？

使用高风温炼铁的主要意义是：

（1）提高了经济效益，由于使用热风炼铁，缩短了从矿石到冶炼成生铁的时间，可以提高产量。同时热风带入高炉内的物理热量完全被利用，可以节约焦炭。使用热风还可以增加廉价煤粉的喷吹量，因此，合理使用风温可以大幅度提高经济效益。

（2）热风炉向高炉提供的高风温，主要是通过热风炉消耗40%以上的高炉副产劣质低热值煤气获得。提高了高炉副产低热值煤气的使用率，降低了生铁的生产成本，同时减少了高炉煤气放散保护了环境，取得了一定的社会效益。

3-2　提高风温降低焦比的根本原因是什么？

（1）风温提高后，鼓风带入的物理热增多，可代替部分由焦炭燃烧所产生的热量，而且由鼓风带入的物理热在高炉下部全部被利用。

（2）风温提高后有利于提高喷吹燃料，从而降低了焦比。

（3）风温提高后，由于焦比降低，单位生铁的煤气量减少，高炉炉顶温度有所降低，因而煤气带走的热量损失也减少了。在降低焦比的同时提高了高炉产量，使单位生铁的热量损失也降低。

（4）风温提高可使高温区下移，中温区扩大，在一定的条件下，有利于间接还原的发展。

（5）风温提高后、鼓风动能增大，有利于吹透中心，活跃了炉缸，也改善了煤气能量的利用，从而降低焦比。

3-3　提高风温对高炉炼铁有什么影响？

风温提高会对炼铁过程中以下几个方面产生影响：

（1）风口前燃烧碳量减少，这是因为单位生铁的热收入不变的情况下，提高风温带入的热量替代了部分风口前焦炭燃烧放出的热量，可使单位生铁风口前燃烧碳量减少，但是每 100℃ 所减少碳量是随风温的提高而递减的。

（2）高炉高度上温度分布发生炉缸温度上升、炉身和炉顶温度降低和中温区略有扩大的变化。

（3）铁的直接还原增加，这是由碳量减少而使单位铁的 CO 还原剂减少和炉身温度降低等原因造成的。

（4）炉内料柱阻力损失增加，特别是炉子下部的压差会急剧上升，直接影响高炉炉料的下降。如果高炉是在顺行的极限压差下操作，则风温的提高将迫使冶炼强度降低。据统计，在冶炼条件不变时，风温每提高 100℃，炉内压差升高约 5kPa，冶炼强度下降 2%左右。造成压差升高的原因是：料柱内焦炭数量因焦比下降而减少；炉缸温度升高使煤气实际流速增大；下部温度过高，升华物质增多，随煤气上升到上部冷凝使料柱的空隙度降低恶化料柱的透气性等。因此，使用高风温必须采取有效的措施，创造接受高风温的条件。

3-4　高炉接受高风温的条件有哪些？

凡是能降低炉缸燃烧温度和改善料柱透气性的措施，都有利于高炉接受高风温。

（1）改善原燃料条件。精料是高炉接受高风温的基本条件，只有原料强度好，粒度组成均匀，粉末少，才能在高温条件下保持顺行。

（2）喷吹燃料。喷吹的燃料在风口前燃烧时分解、吸热，使理论燃烧温度降低，高炉容易接受高风温。喷吹的燃料在风口燃烧区域燃烧，需要提高风温进行热量补偿。

（3）加湿鼓风。鼓风中水分分解吸热，使理论燃烧温度降低，需要提高风温进行补偿。

（4）搞好上下部调剂，保证高炉顺行，只有在高炉顺行的情况下才可提高风温。

3-5 用低热值煤气获得高风温的理论依据是什么?

用低热值煤气获得高风温的理论依据是：通过对煤气和助燃空气进行预热，使热量进行叠加。

一般来说，热风炉的拱顶温度要高于高炉热风温度 80～150℃，而热风炉的炉温系数是 0.92～0.98，即高炉煤气的理论燃烧温度乘以炉温系数就为拱顶温度。如果从最保守的角度考虑，取拱顶温度与高炉热风温度之差为 150℃，热风炉的炉温系数为 0.92，那么热风炉要实现 1250℃的风温，高炉煤气的理论燃烧温度必须达到 1522℃以上。式（3-1）为煤气理论燃烧温度的计算方法：

$$t_{理} = (Q_d + C_{pg}t_g + C_{pk}L_nt_k)/V_yC_{py} \tag{3-1}$$

式中 Q_d——高炉煤气的低热值；

t_g，t_k——煤气及空气的预热温度；

C_{pg}，C_{pk}，C_{py}——煤气、空气、烟气的比热；

L_n——燃烧 $1m^3$ 的实际空气量；

V_y——燃烧 $1m^3$ 煤气的燃烧产物的体积量。

由式（3-1）可知，要提高高炉煤气的理论燃烧温度，不可能依赖于提高高炉煤气的热值，因为随着炼铁焦比的降低，高炉煤气的热值也大幅降低，因而只能依赖于提高助燃空气的预热温度和煤气的预热温度。出于安全考虑，高炉煤气不能预热到太高的温度，一般以 200℃为宜，而助燃空气则可以在所用材料允许范围内被预热到高于 400℃以上的温度。理论计算表明，当 Q_d = 3150kJ/Nm^3，高炉煤气的预热温度 200℃，而助燃空气温度预热到 355℃时可保证高炉获得 1250℃的风温。

3-6　提高风温可以从哪些方面着手？

归纳起来提高风温可以从以下 4 个方面入手：

（1）提高热风炉的拱顶温度。

（2）降低拱顶温度与风温的差值。

（3）提高耐火材料的质量，改进热风炉的设备、结构。

（4）提高热风炉操作人员的业务技术水平。

3-7　热风炉拱顶温度怎样确定？

确定热风炉拱顶温度依据如下：

（1）由耐火材料理化性能确定。为防止因测量误差或燃烧控制的不及时而烧坏拱顶，一般将实际的拱顶温度控制在比拱顶耐火砖荷重软化点低 100℃左右。

（2）由燃料的含尘量确定。格子砖因渣化和堵塞而降低寿命。产生格子砖渣化的条件是煤气的含尘量和温度。

（3）受生成腐蚀介质限制。热风炉燃烧生成的高温烟气中含有 NO_x 腐蚀性成分，NO_x 的生成量与温度有关系，因此，为避免发生拱顶钢板的晶间应力腐蚀，须控制拱顶温度不超过 1400℃或采取防止晶间应力腐蚀的措施。

3-8　拱顶温度与热风温度差值一般是多少？

据国内外高炉生产实践统计，大、中型高炉热风炉拱顶温度比平均风温高 100~200℃（也有 80~150℃），小型高炉热风炉（一般指传统内燃式热风炉）拱顶温度比平均风温高150~300℃。

3-9　拱顶温度与理论燃烧温度的关系怎样？

由于炉墙散热和不完全燃烧等因素的影响，我国大、中型高炉热风炉实际拱顶温度低于理论燃烧温度 70~90℃。实际拱顶温度也可通过理论燃烧温度乘以 0.92~0.98 的炉温度系数来确定。

3-10 热风炉测量拱顶温度的设备有哪些?

测量拱顶温度可采用辐射高温计、红外线测温仪或热电偶。采用辐射高温计时，为防止镜头沾灰，需压缩空气吹扫；采用热电偶时，插入的合理深度为热电偶热端超出拱顶砖衬内表面50~80mm。

3-11 提高热风炉炉顶温度为什么能提高风温水平?

炉顶温度是表示热风炉储备高温热能水平高低的重要标志，热风温度的高低与炉顶末期温度的高低直接有关。烧炉时炉顶末期温度越高，送风期炉顶温度就降低越少，能保持的风温水平就高。另外烧炉末期炉顶温度越高，能使冷风与蓄热室格子砖之间的温差加大，可提高对流传热的效果，使冷风更易吸收热量，提高风温水平。

3-12 热风炉提高拱顶温度的措施有哪些?

提高拱顶温度实际就是提高理论燃烧温度，其措施有：

(1) 高炉煤气中按比例提高发热量煤气。

(2) 对助燃空气和煤气进行预热。

(3) 在助燃空气中按比例加氧气进行富氧烧炉。

(4) 在保证煤气完全燃烧的条件下尽量降低过剩空气系数。

(5) 降低煤气含水量。

3-13 高炉煤气中混入焦炉煤气或天然气对理论燃烧温度分别有何影响?

当高炉煤气可燃成分为 $w(CO) = 23.7\%$、$w(H_2) = 3.3\%$，焦炉煤气可燃成分为 $w(CO) = 7.17\%$、$w(H_2) = 57.38\%$、$w(CH_4) = 25.18\%$、$w(C_nH_m) = 3.44\%$时每增加焦炉煤气1%，混合煤气发热量增加约150kJ/m^3，在混合量不超过15%以前，每1%焦炉煤气提高理论燃烧温度约16℃。当天然气可燃成分为 $w(CH_4) =$

96.92%时，每增加 1%的天然气，混合煤气的热值增加约 325kJ/m^3，理论燃烧温度可提高约 23℃。

3-14　高炉煤气中混入高发热量煤气的方法有哪些？

热风炉混入高发热量煤气有以下 3 种方法：

(1) 采用三孔陶瓷燃烧器，混合效果好、调节方便、高炉热值煤气走中心通道，热损失少；但设备较复杂，一般用在大型高炉热风炉上。

(2) 采用引射器，简易方便，操作安全，混合效果也好，但混入比例较窄，高热值低压煤气混入量一般不大于 20%。

(3) 由供气部门按指定发热量事先混合好，再送至热风炉燃烧。此法没有因不同气种压力变化而产生的热量波动，可避免烧坏热风炉设备。但供气部门必须有较复杂的混合装置和自动控制设备。

3-15　什么是高炉煤气富化？

高炉煤气富化就是用变压吸附技术脱除煤气中的 CO_2、N_2和 H_2O，提高 CO 浓度，增加发热值。

3-16　简述高炉煤气富集 CO 的工业装置流程。

高炉煤气首先用鼓风机加压至 0.3~1.5MPa，降温至 40℃进入 PSA 装置，通过该装置中的吸附，将高炉煤气中的 H_2O 和 CO_2吸附分离，余下的 N_2和 CO 送入负变压吸附装置，负变压吸附装置中的 CO 专用吸附剂将 CO 吸附，然后用真空泵将 CO 和少量 N_2抽吸出来，得到富化高炉煤气。

3-17　预热助燃空气、煤气对理论燃烧温度有何影响？

助燃空气由 20℃升到 100℃，理论燃烧温度约提高 25℃。由 100℃升到 800℃，每 100℃相应提高理论燃烧温度 30~35℃，一般按 33℃计算；煤气预热温度每升高 100℃理论燃烧温度约提高 50℃；助燃空气和煤气同时都预热，提高理论燃烧温度的效果为两者之和。

3-18　为什么煤气、空气预热提高温度一样，理论燃烧温度的提高煤气要比助燃空气高？

这主要是因为热风炉燃烧时煤气的用量要比空气用量大，带入物理热多。

3-19　热风炉预热助燃空气、煤气的主要方法有哪些？

热风炉预热助燃空气、煤气的主要方法有热风炉烟气余热回收预热助燃空气和煤气，燃烧劣质高炉煤气预热助燃空气和煤气。

3-20　热风炉烟气余热回收预热助燃空气和煤气有什么意义？

余热回收是节能的重要措施，特别像高炉热风炉排放的烟气温度低数量大的低温余热回收有更重要的意义，首先它可以回收余热提高热效率，其次是用回收的热量来提高风温。

3-21　目前国内外高炉热风炉烟气余热回收的换热器主要有哪些形式？

目前换热器主要有回转式、金属板式、热媒式和热管式 4 种形式，其中热管式效果最好。

3-22　热管式换热器具有哪些优点？

热管式换热器作为一种新的节能设备，具有以下优点：

（1）传热系数高。

（2）传热温差大。可实现冷、热流体的逆向流动。

（3）结构紧凑，金属消耗量少，占地面积小，无运动部件，操作可靠。

（4）传热元件具有单根可拆换性。

（5）具有较高的抗露点腐蚀能力。

（6）烟气与煤气、助燃空气进行管外换热，便于清理和维护。

（7）无需动力消耗。

3-23　什么是热管式换热器，其工作原理是什么？

热管是一种经气—液相变和循环流动来传递热量的高效传热元件，用热管组成的换热器称为热管换热器。其工作原理是：热管是一个内部抽成真空（真空度大于0.01Pa），并充以适量的工作介质的密封管，当热源（烟气）的热能通过热管的热端管壁传给工作介质时，将管内的工作介质加热蒸发，形成蒸汽，故热端又称蒸发段；蒸汽在管内压差的作用下，向冷端移动，工作介质在冷端凝结，并将凝结时放出的潜热传给管外的冷源（煤气或助燃空气），这部分称为凝结段；冷凝后的工作介质靠重力或毛细作用（主要是指热管不垂直安装的换热器）流回热端，如此循环进行。由于热管的热量传递主要是依靠工作介质的潜热变化，因此热管有较高的导热能力。

3-24　使用热管换热器应注意哪些问题？

（1）烟气进口、煤气或助燃空气出口温度相加不大于600℃，烟气入口温度不小于160℃。

（2）通过抽烟机的废气温度不得大于200℃（有的高炉热风炉热管换热器没有使用这种设备）。

（3）抽烟机在运行过程中，轴承温度不得大于40℃，表温不得大于80℃，并随时注意电机温度和轴承箱的油位，这种结构形式需要消耗动力，维护工作量也大。

（4）热管换热器运行禁止用热风炉倒流，如必须用热风炉倒流时待转换为常规运行后再倒流。

（5）换热器的工作液为二次蒸馏水，换热器及备用单管不应在0℃以下存放，若遇严寒天气，高炉长期休风烟气入口温度低于10℃，应按热管运行烧炉。

(6) 热管运行要严格按开、停机规程操作。

3-25 简述热媒体换热器回收热风炉烟气余热预热助燃空气和煤气的工作原理及结构。

热媒体——传热介质常用的有水、油、乙醇、苯等，热风炉烟气中的余热由热媒体的循环来传递。首先热媒体在烟气一侧的换热器中吸收了热量，再在煤气和空气的换热器放出吸收的热量，而将空气和煤气预热。热媒体的循环流动是靠循环泵来完成的。烟气换热器、空气换热器、煤气换热器、循环泵和连接的管道，构成了热媒体换热装置。

3-26 热媒体换热器有什么特点？

(1) 烟气换热器可直接安装在烟道上，而空气换热器和煤气换热器可任意布置，其间用管道连接即可，因此布置灵活方便。

(2) 这种换热器单体热效率高。

(3) 用热媒体的循环流量很容易控制预热空气和煤气的温度和热量。

(4) 如果用油、苯作为热媒体应注意防火防爆，用水作为热媒体是比较安全的，但预热的温度不可能太高（低于200℃）。

(5) 由于热媒体需要用泵来强制循环，要消耗一定的动力。

(6) 泵的维修工作量大。

3-27 回转式换热器的结构怎样？

回转式换热器由固定的圆筒形外壳和转动的圆筒转子（换热元件）组成，都是立式的，外壳扇形顶板和底板把转子流通截面分隔为两部分，这两部分分别与烟气道和空气道相通，转子转一周，完成一次热交换循环。

3-28 回转式换热器的工作原理是什么？

回转式换热器原理很简单，转子和换热元件是一个多孔的圆盘式回转的蓄热室，根据温度不同可以是金属的或是陶瓷的。热的废气通过转子（换热元件）的一半面积，冷的空气通过转子的另一半面积，转子围绕其中轴缓慢旋转，最终结果是转子的换热元件，交替的加热、冷却。废气将热量传给换热元件，换热元件再将热量传给冷空气。

3-29 回转式换热器有哪些特点？

（1）允许在较宽的废气温度区间工作。

（2）结构紧凑、体积小，适合老厂改造。

（3）蓄热元件的热焓大，废气短时间的波动不会影响空气出口温度。

（4）系统漏风率约10%，某钢厂高炉热风炉的回转式换热器建好投产后，就因漏风大，烧炉时助燃空气不足，热风炉的废气温度烧不上，风温比不用预热器还低，没有使用成功。

（5）只能预热助燃空气。

（6）需要消耗动力。

3-30 固定板式换热器结构怎样，工作原理是什么？

固定板式换热器是一种烟气—空气直接换热的换热设备。该换热器的传热部件是由若干个波浪形钢板，按一定的间距焊接而成。高温烟气和冷助燃空气同时逆向流过钢板的两侧，烟气的热量通过钢板传给助燃空气。板式换热器的优点是结构简单，无运动部件，运行、维修都很方便并且漏风少。它的缺点是阻损较大，设备庞大，只能预热助燃空气。

3-31 什么是热风炉自身预热法？

热风炉自身预热法就是利用热风炉给高炉送风后的余热（就是热风炉送风结束后到热风炉开始燃烧前这段时间）来预热助燃空气，提高理论燃烧温度，达到提高风温的目的。其基本原理是热量的叠加，把低温热量转化成高温热量。

3-32 用小热风炉预热助燃空气有什么缺点?

某钢厂高炉大修时保留了老高炉的两座热风炉用来预热新热风炉的助燃空气，这样做的缺点有:

(1) 只能预热助燃空气。

(2) 占地面积大、设备投资大。

(3) 消耗煤气量多，热效率低。

(4) 设备维护工作量大。

(5) 需要消耗动力和煤气。

3-33 金属管式换热器是如何预热助燃空气和煤气的?

由燃烧炉燃烧高炉煤气产生的1000~1100℃的烟气，混入热风炉废气（220~250℃）混合成600℃高温烟气。它的温度控制以燃烧炉燃烧煤气量为主控，当燃烧炉燃烧正常、稳定后，用兑入热风炉废气量的多少来控制入换热器前的烟气温度。它是通过热风炉废气引风机前管道上蝶阀来完成的。混合好的设定温度的高温烟气，分别进入煤气换热器和空气换热器，通过换热管的管内，将热量通管壁传给煤气和空气。由换热器出来，经烟囱排入大气。常温的煤气、助燃空气，进入各自的换热器，通过换热管管外，在换热器内各隔板的导向下呈 W 形走向，吸收了由换热管管壁传给的热量变成了热煤气和空气，送热风炉燃烧。为增加换热量，高温烟气与煤气、助燃空气呈逆向流动。

3-34 金属管式换热器的设计原则是什么?

金属管式换热器的设计原则是:

(1) 使用劣质煤气（高炉煤气作为燃料）。

(2) 预热温度要考虑足够高的风温水平与合理的设备成本相一致。

(3) 排烟温度要低于换热前温度。

(4) 布局合理，操作方便。

3-35　高温空气燃烧技术在高炉热风炉有哪些实际应用？

热风炉自身预热、小热风炉预热、附加热换热系统（金属管式换热器）都是高温空气燃烧技术的应用，其特点有：

（1）破除了低温余热回收传统观念，大幅提高燃烧介质预热温度。

（2）以利用劣质燃料为基点，经工艺转化后以低价值的高炉煤气获取高价值的高温热量。

（3）燃烧介质预热后带入的物理热比同样数量的化学热更有用。这是因为燃烧介质预热后烟气温度下降热效率提高，或者烟气带走的热量与不预热时相同，回收的热量更有价值。

3-36　热风炉自身预热有何特点？

热风炉自身预热的特点有设备简单、理论新颖、投资省、工作可靠、操作简单。自身预热温度要根据热风炉设备能力，供热量一定的条件下，预热温度应依据废气温度、风温水平及其波动而定，不是越高越好，否则将造成热量“透支”。预热后助燃空气量减少，燃烧的煤气量也减少，可能导致废气温度上不来，蓄热量不够。

3-37　过剩空气系数对理论燃烧温度有什么影响？

在保证完全燃烧的条件下，控制过剩空气系数最小值，可获得最高的理论燃烧温度，也就是煤气燃烧产生的热量一定的情况下，控制燃烧产物最少，就获得最高的理论燃烧温度，随着过剩空气系数的增大，燃烧产物的增加，理论燃烧温度逐渐降低。全烧高炉煤气时，若将过剩空气系数从 1. 10 降到 1. 05，理论燃烧温度提高约 20℃。

3-38　控制过剩空气系数最小的方法有哪些？

（1）在热风炉燃烧时要勤观察、勤调节，借助废气分析，保证合理燃烧。

（2）改善燃烧器结构，改善煤气和空气的混合。

（3）采用自动燃烧控制系统。

3-39 烧炉时为什么要选择合适的空气过剩系数？

由于煤气的燃烧速度非常快，所以完全燃烧的程度取决于煤气和空气混合速度，为确保煤气完全燃烧，实际需要的空气量要比理论需要的空气量大，目的是使燃烧反应在较大范围内进行，但当空气过剩系数过大时，会使废气量增加，会降低煤气理论燃烧温度，所以烧炉时要选择合适的过剩空气系数。

3-40 保证煤气完全燃烧的基本条件有哪些？

（1）合适的过剩空气系数。

（2）煤气和空气的充分混合。

（3）燃烧室有足够的温度。

（4）燃烧生成的高温废气能顺利排出。

3-41 煤气中的机械水与饱和水对煤气的发热值与理论燃烧温度有何影响？

在饱和水不超过10%（$80g/m^3$）的范围内，水分每增加1%（约$8g/m^3$）发热量降低约$33.5kJ/m^3$，理论燃烧温度随之降低约8.5℃。机械水除与饱和水有同样影响外还要加上机械水汽化潜热（2296kJ/kg），因此，在$1m^3$煤气中含1g机械水的汽化潜热为2.3kJ。煤气中每增加1%的机械水，将相当于煤气发热量降低$2.3\times8=18.4kJ/m^3$，综合起来煤气中每增加1%的机械水发热量就降低了$51.9kJ/m^3$，理论燃烧温度随之降低13℃。煤气中的机械水对理论燃烧温度的影响，远大于饱和水，应引起足够的重视。

3-42 降低煤气含水量的措施有哪些？

（1）加强煤气洗涤后的脱水，改善煤气净化系统脱水器的能力，如增设塑料环、木格子等。

（2）在煤气进入热风炉前，增设脱水装置。如增设排水槽、旋流脱水器等。

（3）降低煤气洗涤后的温度，来降低煤气饱和水的含量，采取降低洗涤用水温度和增大洗涤耗水定额等措施。

（4）彻底解决高炉煤气含水量的办法是实施干法除尘。

3-43　利用富氧烧炉提高理论燃烧温度的主要原因是什么？

主要是利用富氧后助燃空气中的氮气减少了，在煤气发热量不变的情况下，燃烧产物减少，理论燃烧温度就提高了。

3-44　缩小热风炉炉顶温度与热风温度差值的方法有哪些？

（1）增大热风炉的蓄热面积和砖重。

（2）提高废气温度。

（3）增加换炉次数缩短工作周期。

（4）改善热风炉的气流分布。

（5）加强热风炉的绝热减少散热损失。

3-45　怎样计算热风炉的供热能力，为什么增大蓄热面积与砖重能提高风温？

热风炉的供热能力=热风炉的蓄热面积×蓄热面积利用系数×蓄热室的传热系数×烟气与鼓风平均温度差。

可见热风炉的供热能力与蓄热面积有关，当格子砖的重量相同，并采用相同的工作制度时，蓄热面积越大，供热能力就越大。由于蓄热面积增大减小了风温降低值，可以用较低的炉顶温度，送出较高的风温。另外，单位风量的格子砖质量增大时，热风炉送风期拱顶温度降减少，即能够提高风温水平；单位风量的格子砖重量相同，蓄热面积大的拱顶温度降小。

3-46　废气温度与风温有什么关系？

提高废气温度可以增加热风炉的蓄热量，尤其是蓄热室中下部，因此通过增加单位时间燃烧煤气量来适当提高废气温度，可以减少周期风温降落，是提高风温的一种措施。在废气温度为200~400℃的范围内，每提高100℃废气温度，约可提高风温40℃。

3-47 烧炉影响废气温度上升快慢的因素有哪些？

影响废气温度的因素有：

(1) 单位时间消耗的煤气量。单位时间消耗的煤气量增加，导致废气温度升高。

(2) 燃烧时间。废气温度随着燃烧时间延长，而近似直线上升。

(3) 热风炉的加热面积。当换炉次数、单位时间燃烧的燃气量都一定时，热风炉加热面积越小，其废气温度越高。

(4) 空气利用系数。当单位时间燃烧煤气量一定时，增加空气过剩系数，废气温度升高快。

(5) 送风时间长短。送风时间越长，带走的热量越多，烧炉时废气温度上升慢。

(6) 如果是内燃式热风炉隔墙短路，部分高温废气从隔墙下部通过，废气温度升得快，但储蓄的热量少，风温不高。

3-48 废气温度受什么限制，进一步提高废气温度有什么好处？

废气温度受两方面限制：一是随着废气温度的提高，废气带走的热量也增加，会降低热风炉的热效率；二是废气温度过高会烧坏蓄热室下部的支撑构件炉箅子和支柱。

选用耐高温的金属材料制作炉箅子和支柱，进一步提高废气温度，配合热风炉废气余热回收预热助燃空气和煤气有4个方面的好处：

(1) 热风炉的热效率不会降低，反而可以提高。

(2) 能将助燃空气和煤气预热到300℃左右，能提高燃烧炉拱顶温度，也就提高了送风温度。

（3）不需要再建设备，只要将原有的换热设备的材质稍加改进就可以。

（4）由于废气温度提高，本身就可以提高风温，每提高100℃，约可提高风温40℃。

适当提高废气温度结合废气余热回收，已成为今后提高风温的重要措施之一。

3-49 废气温度太低有什么坏处？

废气温度太低，炉内蓄热量不足，送风风温下降大，影响热风炉的潜力发挥；风温不高，对高炉操作有很大的影响。

3-50 为什么废气温度不能过高？

燃烧末期炉箅子温度比废气温度平均高出130℃左右，会烧坏蓄热室下部的支撑构件炉箅子和支柱。因此废气温度不能过高。

3-51 增加换炉次数、缩短送风时间有何意义？

增加换炉次数、缩短送风时间就是强化热风炉的操作过程，可以提高热风炉的风温水平，其意义有：

（1）缩小热风炉内高温部的温度波动，延长热风炉的耐火砌体的寿命。

（2）减少热风炉送风初期和末期的风温差值，能提高热风炉送风风温水平。

（3）用较小的蓄热面积，可以取得较高的风温水平。

（4）加强热风炉中下部的热交换。

3-52 用增加换炉次数、缩短送风时间来提高风温的条件是什么？

由于增加换炉次数，缩短送风时间，随之也缩短了燃烧时间，所以用这种方法的条件是热风炉的燃烧能力、煤气量、助燃空气量要满足强化烧炉的需要，所提高燃烧强度能弥补燃烧时间缩短引起的热量减少，否则风温水平不能提高，反而会下降。

3-53 怎样合理选择热风炉的工作周期？

合适的送风时间最终取决于热风炉获得足够高的风温水平和蓄热量所必需的燃烧时间，合理的热风炉工作周期、换炉次数，应根据具体条件、设计数据结合经验而选定。

目前国内高炉热风炉的设备状况，以每班（8h）换 8 次为好；自动化程度高，先进的热风炉，以 40min 换 1 次炉为好；老炉子每班可少换 1~2 次。

3-54 送风期热风炉内的冷风是怎样分布的，这样分布的原因是什么，有什么方法可以改善冷风在热风炉内的均匀分布？

内燃烧式热风炉，在送风期炉箅子下的气流分布是冷风入口的对面隔墙（燃烧室和蓄热室的隔墙）的附近区域和隔墙与大墙相交的两个死角气流强、流速大，即在这个区域流过大量冷风，而靠近大墙内壁气流次之，在冷风入口附近中线两侧区域气流最弱、流速最小，即冷风通过该区最少。除架空式球式热风炉外，其他顶燃式热风炉与外燃式热风炉也基本如此，只是气流最强的区域改在冷风入口对面的大墙附近区域。在冷风入口位置相同的情况下，如炉箅子下的支柱定位不同，气流分布也将发生变化。

出现上述分布的主要原因是：在支柱对冷风气流影响不大的情况下，热风炉送风时，冷风由冷风入口流入炉箅子下的空间时，主气流由于惯性和冲力，靠近内燃式热风炉隔墙和外燃式热风炉入口对面大墙附近格孔内的气流强，通过的冷风量多。当主气流抵达隔墙或外燃式热风炉大墙，分成两个部分，分别沿着大墙向入口回流，在主气流的两侧形成了一对较大、形似椭圆的旋流区。这就是冷风入口中线两侧区域气流最弱、流速小、通过风量少的主要原因。

改善冷风在热风炉内的分布方法有：

（1）使用武汉冶金建筑研究所研制出的热风炉冷风均匀配气装置。

（2）选择合适的冷风入口方向。

（3）增加热风炉的冷风入口的个数，大型和特大型高炉最好均匀布置2~3个冷风入口。

（4）冷风入口设计成喇叭口，以减少冷风的冲力和惯性。

（5）增加炉箅子下的净空高度。

（6）合理安排支柱的安装位置。

3-55 内燃式热风炉、外燃式热风炉、“卡鲁金”顶燃式热风炉燃烧期的烟气分布怎样，改进方法是什么？

内燃式热风炉烟气在蓄热横截面上气流分布很不均匀，在燃烧室对面气流量最大，靠近燃烧室区域气流量最少。形成这种不均匀分布的原因主要是燃烧室流出的烟气，在球顶转了180°的弯，由于离心力的作用，在球顶空间内形成强烈的旋涡流动，使气流偏向外侧，致使在燃烧室对面区域气流强、流速大，流过烟气量多。改进方法是：内燃式热风炉的拱顶应推广悬链线顶和锥形顶来改善烟气的均匀分布。

外燃式热风炉烟气在蓄热室横切面上的分布是比较均匀的，马琴式和新日铁式更好。烟气从燃烧室出来，经过几次扩张、收缩来到蓄热室缩口区域，又一次对称的喇叭口式，由上向下的扩张，使烟气到达蓄热室上表面时，分布已较为均匀。改进方法是：新建的外燃式热风炉，要推广烟气分布较为均匀的新日铁式和马琴式。

“卡鲁金”顶燃式热风炉除最下面助燃空气以直角进入燃烧器外，其余煤气和助燃空气都以一定的角度进入燃烧器，燃烧成的烟气形成涡流，较均匀地分布在蓄热室的表面上。

3-56 内燃式热风炉蓄热室气流分布不均匀对热风炉有什么危害？

气流分布不均匀对热风炉危害有：

（1）恶化炉内的热交换，使热风炉的热效率和热风温度明显下降。由于燃烧期烟气量分配大的区域，恰是送风期冷风流量较小的区域，相反烟气分布较小的区域却又是冷风量分配较大的区域，这就是内燃式热风炉风温低、炉顶温度与热风温度差值大的关键所在。

（2）由于格子砖加热和冷却各处明显不同，膨胀、收缩不一是格子砖错位和不均匀下沉的主要原因之一。

3-57 怎样加强现代热风炉绝热？

（1）热风炉炉壳的内表面喷涂一层陶瓷涂料，一般厚 50～60mm 来代替过去 65mm 的硅藻土砖。高温区喷涂一层耐酸陶瓷涂料，低温区喷涂一层普通的陶瓷涂料，它能保护炉壳减少散热损失。耐酸陶瓷涂料对高温晶间应力腐蚀还能起到预防作用。

（2）普遍增加热风炉各部位的隔热层厚度，提高和改善隔热层材质。在拱顶隔热层的厚度由过去的 230mm 增加到 345mm 分三层，第一层靠耐火砖层，其材质采用与耐火砖层相同的轻质砖；第二层为轻质高铝砖；第三层为轻质黏土砖。各层厚为 115mm。其他高温区隔热层的厚度也在 230mm 以上，中、低温区也采用 115mm 厚，材质同耐火砖层的轻质砖。膨胀缝的填料采用陶瓷纤维和渣棉。

（3）热风管道的内衬由喷涂层、隔热层和耐火砖层组成。喷涂层采用普通的陶瓷喷涂料，绝热层由陶瓷纤维毡和轻质黏土砖组成，耐火砖层则由高铝砖和黏土砖组成。冷风管道即采用外保温，用厚约 100mm 的岩棉毡。

3-58 热量在热风炉内是怎样传递的？

热风炉的传热过程分为两类：一是用于加热的有益传热，如热风炉气体对格子砖与格子砖对气体的传热；二是造成热损失的有害传热，如耐火砖对热风炉炉壳热量传递。对流传热是热风炉工作的主要传热方式。

3-59　热风炉热平衡测定的原则有哪些？

热平衡的测定原则有：

（1）热风炉的热平衡是以一个操作周期的时间为基准，根据各项热量收入、支出进行计算。在正常生产条件下，一个操作周期的时间包括燃烧期、送风期及换炉时间。

（2）基准温度可用热风炉的环境温度，一般取热风炉助燃风机吸风口处的空气温度。

（3）测定时机，选择在热风炉及高炉等相关设备工作正常、生产稳定的条件下进行，对新投产的热风炉，热风温度达到设计水平的 90%以上，方可进行测定。

（4）热风炉各项收入热量总和与支出热量总和之差为平衡差值，热平衡允许的相对差值为±5%，否则视为不平衡，该测定无效。

（5）热风炉的漏风量很难准确测定，它又是影响热平衡的重要环节，通常以高炉的实际风量减去计算风量求出差值。经验数据一般取 3%～10%，下限为新热风炉，上限为老热风炉。

（6）为做到测定期既不占有也不积累热风炉原有的蓄热量，目前通常的方法是以炉顶温度的复原（燃烧期开始的炉顶温度）作为送风期的终了时间。

3-60　热风炉的热量收入包括哪些？

热风炉的热量收入包括燃料的化学热、煤气的物理热、助燃空气的物理热和冷风带入的热量 4 项。

3-61　热风炉的热量支出包括哪些？

热风炉的热量支出包括：

（1）热风带出的热量。

（2）废气带走的热量。

（3）化学不完全燃烧损失的热量。

（4）煤气机械水吸收的热量。
（5）冷却水吸收的热量。
（6）炉体表面散发的热量。
（7）冷风管道表面散发的热量。
（8）热风管道表面散发的热量。
（9）烟道表面散发的热量。
（10）预热装置表面散发的热量。
（11）预热管道散发的热量。

第4章 热风炉的操作

4-1 热风炉的基本操作方式有哪几种?

热风炉的基本操作方式分为联锁自动操作和联锁半自动操作两种。为了便于设备维护和检修，操作系统还需要备有单炉自动、半自动操作、手动操作和机旁操作等方式。

（1）联锁自动控制操作。按预先选定的送风制度和时间进行热风炉的状态转换，换炉过程全自动控制。

（2）联锁半自动控制操作。按预先选定的送风制度，由操作人员指令进行热风炉状态的转换，换炉过程由人工干预。

（3）单炉自动控制操作。根据换炉工艺要求，1 座炉子单独由自动控制完成热风炉的状态转换的操作。

（4）手动操作。通过热风炉集中控制台上的操作按钮进行单独操作，用于热风炉从停炉转换成正常状态，或转换为检修的操作。目前基本上是在电脑上解除联锁，用鼠标点击对象单独操作，取消了集中控制台。

（5）机旁操作。在设备现场，可以单独操作现场设备，用于设备的维护和调试。目前一般是在液压站单独操作换向阀，根据需要控制阀门的开关。

联锁是为了保护设备不误操作，在热风炉操作中要保证向高炉连续送风，杜绝恶性生产事故。因此，换炉过程必须保证至少有 1 座热风炉处于送风状态，另外的热风炉才可以转为燃烧或其他状态。

4-2 蓄热式热风炉是怎样进行传热的?

蓄热式热风炉传热分为有益传热与有害传热两种。热风炉内的传热主要是指蓄热室格子砖的热交换。蓄热室的热交换可以看成是烟气对鼓风之间的传热，而格子砖只作为传热的中间介质。在燃烧期煤气烧成的高温烟气，通过格子砖时，以对流和辐射方式将烟气的热量传给格子砖表面。由于格子砖表面和中心产生了温差，则格子砖表面所获得的热量，就不断向内部传递，从而使格子砖储存了大量的热量。在送风期由鼓风机送来的具有一定流速的冷风不断以对流方式，从格子砖表面获得热量，使冷风得到加热，同时格子砖内部向表面导热而被冷却。

4-3　热风炉的工作原理是怎样的？

蓄热式热风炉的工作原理的实质是在燃烧期燃烧煤气加热格子砖，使格子砖蓄积一定热量，当转为送风期后，格子砖再将所蓄积的热量传给冷风，冷风加热升温后送入高炉炼铁。

燃烧期主要任务是将热风炉的格子砖加热到一定温度，蓄积送风所需的热量。期间关闭冷风阀、热风阀、煤气放散阀、废气阀和均压阀，打开烧炉的相关阀门，按一定比例将煤气和空气通过燃烧器燃烧成高温烟气、经格子砖烟道阀后从烟囱排出，格子砖蓄积热量后转入送风。

送风期开冷风阀、热风阀、煤气放散阀，关闭其他阀门，由鼓风机送来的冷风经冷风阀，通过格子砖将冷风温度提高满足高炉要求时经热风阀送往高炉。

4-4　热风炉送出的风温高低取决于什么？

热风炉送出的风温高低取决于蓄热室贮藏的热量及热风炉炉顶温度，前者是容量因素，后者是强度因素。

4-5　高炉对热风炉的基本要求是什么？

高炉对热风炉的基本要求是向高炉供给稳定的所需的高风温。

4-6　热风炉操作有什么特点？

热风炉的操作特点有：

（1）热风炉的操作是在高温、高压、煤气的环境中进行，必须严格执行操作规程，以避免发生煤气爆炸、中毒等重大事故。

（2）热风炉的燃烧、送风、（有的热风炉还有自身预热）、休风（焖炉）、换炉的操作包括了热风炉的全部操作，也是热风炉的全部工艺流程。

（3）燃烧期热风炉要储备足够的热量，送风时拿走多少，燃烧期就要补充多少。

（4）由于热风炉的大型化和高压操作的采用，热风炉已成为高压容器，热风炉许多阀门的开启和关闭，必须在均压下进行，否则就开不动关不上，或者拉坏设备。

（5）高炉热风炉燃烧的过剩空气系数是所有工业窑炉中最低的，只有1.05~1.10，烧低热值高炉煤气，也能送出较高的风温。

（6）高炉生产是连续的大工业生产，在正常生产中要保证至少有一座热风炉在送风状态。因此换炉操作必须“先送后撤”。

（7）鞍钢历史上创造和总结出的热风炉快速烧炉法、快速换炉法、交叉并联送风法、关闭混风阀最高风温送风法等先进操作法，时至今日仍为热风炉基本操作法，仍有使用、推广的价值。

4-7　热风炉对燃烧煤气有哪些要求？

（1）可燃成分要多，发热值要高。煤气是由多种气体成分混合而成的，其中可燃成分有CO、H_2、CH_4及其他碳氢化合物，不可燃成分有CO_2、N_2和水蒸气。煤气的发热值随其所含可燃成分的变化波动于3000~5000kJ/m^3（标准状态）之间。

（2）煤气含尘量要低。煤气含尘量较高易堵塞热风炉格子砖格孔，并使高铝砖渣化，影响风温水平和寿命的提高。热风炉用的煤气含尘量应小于 10mg/m^3，现代高炉已经做到了小于 5mg/m^3。

（3）煤气含水量要低。煤气中的水分包括机械水和饱和水。含水量会影响煤气发热值和理论燃烧温度，对热风炉的寿命也有影响。经湿法除尘的高炉煤气，机械水和饱和水含量都很高，机械水经脱水器排除，饱和水要尽量降低煤气温度除去；新建高炉最好采取干法煤气除尘。

（4）净煤气压力要稳定。为保证热风炉烧炉时煤气稳定燃烧和安全生产，热风炉净煤气支管的煤气压力要稳定。

4-8　煤气与其他燃料相比有哪些优点？

（1）煤气与空气能很好地混合，供给少量的过剩空气就可以完全燃烧，化学和物理热损失少。

（2）煤气可以预热，从而能够大大提高燃料的燃烧温度。

（3）燃烧装置简单，利于燃烧过程的自动调节和控制，满足工艺要求和热工制度。

（4）输送简单方便，节省人力或动力消耗，大大减轻工人的劳动强度，改善劳动条件。

（5）热风炉用的 40% 是高炉副产煤气，不需消耗原燃料，燃烧干净，有利于减轻对环境的污染。

（6）便于联网，利于统一管理。

4-9　什么是燃烧热？

燃烧热是在 25℃ 和一个大气压下，1mol 物质完全燃烧所放出的热量。

4-10　什么是煤气发热值？

单位体积的煤气完全燃烧，并冷却到参加反应时的起始温度时所放出的热量，称为煤气的发热值。

4-11　什么是高发热值，什么是低发热值？

高发热值：单位体积的煤气完全燃烧后，燃烧产物中的水蒸气冷凝成 0℃ 的液态水时所放出的热量。

低发热量：单位体积的煤气完全燃烧后燃烧产物中的水蒸气冷却至 20℃ 时所放出的热量。

4-12　什么是理论燃烧温度，怎样计算？

燃烧温度是指燃料燃烧时，燃烧产物所能达到的温度就是燃烧温度。理论燃烧温度是指燃料完全燃烧的条件下，燃烧生成的全部热量包括空气和煤气的物理热在内，都用于产物的升温，这时产物达到的最高温度称为理论燃烧温度。

实际上，燃烧温度与燃料的种类、成分、燃烧条件、传热情况等因素有关。

理论燃烧温度的计算公式为：

$$T_{理} = (Q_{低} + Q_{g} + Q_{a} - Q_{解})/V_{p}c_{p} \tag{4-1}$$

式中　$Q_{低}$——煤气的低发热值；

Q_{g}——煤气的物理热；

Q_{a}——空气的物理热；

$Q_{解}$——燃烧产物分解的吸热；

V_{p}——燃烧产物体积量；

c_{p}——燃烧产物的比热容。

4-13　什么是完全燃烧，什么是不完全燃烧，不完全燃烧有何缺点？

燃料中的可燃物质完全与氧气进行充分的化学反应，生成物中不再含有可燃物称为完全燃烧；燃烧产物中含有可燃物质称为不完全燃烧。

不完全燃烧有两种情况：一是由于机械带出和漏损等原因所造成的燃烧损失，这种称为机械不完全燃烧；二是燃烧时由于空气不足或燃料与空气混合不好，使燃烧反应不能完全进行，在燃烧产物中存在少量的可燃成分，这种称为化学不完全燃烧。

不完全燃烧的缺点有：（1）浪费能源；（2）排放有害物，污染环境。

4-14 什么是过剩空气系数？

为了保证燃料的完全燃烧，在实际生产条件下，都要供给比计算的理论空气量多一些的空气。实际供给的空气量与理论空气量的比值，称为过剩空气系数。热风炉单一烧高炉煤气时该值一般控制在1.05~1.1之间，烧混合煤气一般为1.1~1.15之间。

4-15 什么是煤气消耗定额？

煤气消耗定额是冶炼每吨生铁热风炉所消耗的煤气量，是热风炉烧炉能耗的重要指标。

4-16 煤气燃烧过程包括哪三个阶段？

（1）煤气与空气混合。

（2）混合后的可燃气体的加热和着火。

（3）完成燃烧化学反应。

煤气与空气的混合是一个物理过程，需要消耗一定的能量和时间才能完成。混合后的可燃气体，只有加热到其着火温度时才能进行燃烧反应。燃烧化学反应是一种激烈的氧化反应，反应速度非常之快，可以认为是在一瞬间完成的。因此，可以认为煤气燃烧速度主要取决于煤气与空气的混合，以及混合后可燃气体加热的升温速度。空气和煤气的预热对提高燃烧速度和煤气的完全燃烧都大有好处。

4-17 什么是标准煤，如何折算各种煤气的标准煤？

标准煤是指热值为29260kJ/kg（7000kcal/kg）的煤。各种煤气折算成标准煤的方法是：每1m^3（标准状态）煤气折合标准煤=1m^3（标准状态）煤气×煤气热值/标准煤热值。

4-18　什么是着火点？

着火点是指煤气开始燃烧的温度，也称燃点。

4-19　干湿煤气成分怎样换算？

干湿煤气成分的换算关系式为：

$$X_{湿} = X_{干}(100 - H_2O_{湿})/100 \tag{4-2}$$

4-20　燃烧煤气需要的理论空气量怎样计算？

在标准状况下（0.1MPa，0℃），各种气体的 1kg 摩尔体积均为 22.4m^3，故 1m^3煤气完全燃烧的理论空气量为：

$$L_0 = 4.76\left[\frac{1}{2}CO + \frac{1}{2}H_2 + \sum\left(n + \frac{m}{4}\right)C_nH_m + \frac{3}{2}H_2S - O_2\right] \times 10^{-2} \tag{4-3}$$

4-21　燃烧煤气实际的空气量怎样计算？

实际空气量的计算式为：

$$L_n = nL_0 \tag{4-4}$$

式中　L_n——实际空气量；

　　n——过程空气系数；

　　L_0——理论空气需要量。

4-22　理论燃烧产物量怎样计算？

理论燃烧产物量的计算式为：

$$V_0 = \frac{1}{100}\left[CO + H_2 + \sum\left(n + \frac{m}{2}\right)C_nH_m + 2H_2S + CO_2 + N_2 + H_2O\right] + \frac{79}{100}L_0 \tag{4-5}$$

4-23　实际燃烧产物量怎样计算？

实际燃烧产物量的计算式为：

$$V_n = V_0 + (n-1)L_0 \tag{4-6}$$

4-24 热风炉的换炉次数怎样计算?

简单的计算方法是：混风调节风温时，

二烧一送制为 $N = 8 \times 60/t$

二烧二送制为 $N = 8 \times 60/(t/2)$

式中 N——每班换炉次数；

t——送风时间。

4-25 热风炉的热效率怎样计算?

热风炉热效率是热风炉支出的有效热量占热风炉煤气燃烧带入总热量的百分比，用符号 η 表示。计算公式为：

$$\eta = \frac{V(C_{2风}t_2 - C_{1风}t_1)}{V_煤 Q_低 + V_煤 C_煤 t_煤 + V_空 C_空 t_空} \times 100\% \tag{4-7}$$

式中 V，$V_煤$，$V_空$——分别表示周期风量、周期煤气量和周期助燃风量，m^3；

$C_{2风}$，$C_{1风}$，$C_煤$，$C_空$——分别表示热风热容、冷风热容、煤气热容和助燃风热容，J/K；

t_2，t_1，$t_煤$，$t_空$——分别表示风温、冷风温度、煤气温度和助燃风温度，K。

热风炉热效率的标准计算较为复杂，通过式（4-8）可简单计算出热效率的趋势：

$$\eta = \frac{\Delta q V_风 \times 60}{V_高 Q_高 + V_焦 Q_焦} \times 100\% \tag{4-8}$$

式中 Δq——热风热焓与冷风热焓之差，kJ/m^3；

$V_风$——高炉风量，m^3/min；

$V_高$，$V_焦$——高炉、焦炉煤气流量，m^3/h；

$Q_高$，$Q_焦$——高炉、焦炉煤气热值，kJ/m^3。

4-26　预热器的温度效率怎样计算？

$$温度效率 = \frac{热空气温度 - 大气温度}{预热器前烟气温度 - 大气温度} \times 100\% \quad (4\text{-}9)$$

同理，对双预热分离式热管换热器，煤气预热器也可进行温度效率的计算：

$$温度效率 = \frac{热煤气温度 - 煤气温度}{预热器前烟气温度 - 大气温度} \times 100\% \quad (4\text{-}10)$$

通过以上简单计算并结合生产实践，观察预热空气、煤气量对预热器和预热效果的影响，观察预热器运行中的设备状况。

4-27　高炉煤气发生量怎样计算？

根据高炉鼓风中的氮气含量可以计算出高炉产生的煤气量，如式（4-11）所示：

$$V_{高} = \frac{N_{2f} V_{风}}{N_{2m}} \times 60 \quad (4\text{-}11)$$

式中　$V_{高}$——高炉产气量，m^3/h；

N_{2f}——鼓风中 N_2 的体积分数，%；

N_{2m}——煤气中 N_2 的体积分数，%；

$V_{风}$——高炉风量，m^3/min。

扣除煤气损失后的煤气量为净煤气产量，即：

$$V_{净} = V_{高} \times 90\% \quad (4\text{-}12)$$

4-28　热风炉燃烧控制原理是什么？

热风炉燃烧控制原理是：通过调节煤气热值或过剩空气系数控制热风炉拱顶温度；通过调节煤气总流量控制废气温度；通过助燃空气流量来控制燃烧，助燃空气量则根据煤气成分和流量而设定空气、燃气比例及合理的空气过剩系数。

4-29 热风炉燃烧调火原则是什么？

热风炉燃烧调火原则是以煤气压力为依据，以煤气流量为参考，以调节空气量和煤气量为手段，达到拱顶温度上升的目的。

4-30 热风炉的燃烧制度可分为哪几种？

热风炉的燃烧制度可分为：

（1）固定燃气量，调节空气量。

（2）固定空气量，调节煤气量。

（3）空气量、煤气量都不固定。

4-31 简述固定煤气量、调节空气量燃烧制度。

整个燃烧期用煤气量不变；当炉顶温度达到规定值后，以增大空气量来控制炉顶温度继续上升；因废气量大，流速加快有利于传热，强化了热风炉中下部传热；空气和煤气的配比难以找准。助燃风机的容量要求大。

4-32 简述固定空气量、调节煤气量燃烧制度。

整个燃烧期空气量不变，当拱顶温度达到规定值后，采用减少煤气量，来控制拱顶温度不再上升；烧炉过程因废气量减少不利于传热和热交换，不利于维持较高的风温；调节方便，容易找准适宜的空燃比。

4-33 简述煤气量和空气量都不固定燃烧制度。

当拱顶温度达到规定值后，采用空气、煤气同时调节，来控制拱顶温度，或用改变煤气热值来控制拱顶温度；适用于微机控制燃烧，用高炉需要的风温，来确定煤气量，使热风炉能够储备足够的热量，又能节约燃料；调节灵活，过剩空气系数较小达到完全燃烧。同一高炉的每座热风炉的热效率存在差别，送风时间也不一样，一般也通过这种燃烧制度来平衡。

4-34　怎样选择热风炉的燃烧制度？

（1）结合热风炉设备的具体情况，充分发挥助燃风机、煤气管网的能力。

（2）在允许的范围内，最大限度地增加热风炉的蓄热量。

（3）燃烧完全、热损失小、热效率高、降低能耗。

一般新建、自动化程度较高的热风炉，应选择煤气量和空气量都不固定的燃烧制度；助燃风机能力大，又可以调节的热风炉，应选择固定煤气量、调节空气量的燃烧制度；助燃风机能力不足，助燃风量不可调的热风炉，应选择固定空气量、调节煤气量的燃烧制度。

4-35　简述热风炉的快速烧炉法具体操作程序。

热风炉的快速烧炉法的具体操作程序是：

（1）开始燃烧时，以最大的煤气入炉量和最小的过剩空气系数来强化燃烧。在保持完全燃烧的情况下，空气系数尽量小，以利尽快将炉顶温度烧到规定值。

（2）炉顶温度达到规定温度时，应适当加大空气过剩系数，保持炉顶温度不上升，提高废气温度上升速度，增加热风炉中下部的蓄热量。

（3）若炉顶温度、烟道温度同时达到规定值时，不能减烧，而应采取换炉通风的办法。

（4）若烟道温度达到规定值仍不能换炉时，应当减少煤气量来保持烟道温度不上升。

（5）如果高炉不正常，不需要高风温，视具体情况取消使用快速烧炉法。

4-36　热风炉合理燃烧是怎样的，废气成分是什么，空燃比和过剩空气系数是多少？

热风炉的合理燃烧是指在既定的热风炉条件下应保证：

（1）单位时间内燃烧的煤气量适当。

（2）煤气燃烧充分、完全，并且热量损失小。

（3）可能达到的风温水平最高，并确保热风炉的寿命。

合理燃烧的废气成分：全烧高炉煤气 $w(CO_2)=23\%\sim25\%$、$w(O_2)=0.5\%\sim1.0\%$、$w(CO)=0$。过剩空气系数为1.05~1.10。

烧混合煤气时，$w(CO_2)=21\%\sim23\%$、$w(O_2)=1.0\%\sim1.5\%$、$w(CO)=0$。过剩空气系数为1.1~1.2。

空燃比为1m^{3}煤气需要0.7~0.9m^{3}的空气。

4-37　怎样通过燃烧火焰来判断燃烧是否正常？

通过燃烧火焰判断燃烧是否正常一般是指金属燃烧器，单独风机供助燃风传统的内燃式热风炉。现在的热风炉基本上是全封闭的，没有观察火焰孔，燃烧情况是通过拱顶温度、废气含氧量等数据来判断的。

（1）正常燃烧。煤气和空气的配比合适。火焰中心呈黄色，四周微蓝而透明，通过火焰可以清晰地看到燃烧室砖墙，加热时拱顶温度很快上升。

（2）空气量过多。火焰明亮呈天蓝色，耀目而透明，燃烧室砖墙清晰可见，但发暗，拱顶温度下降，达不到规定的最高值。烟道废气温度上升快。

（3）空气量不足。煤气不能完全燃烧，火焰浑浊而呈红黄色，个别带有透明的火焰，燃烧室不清晰，或完全看不清。拱顶温度下降，烧不到规定的最高值。

4-38　热风炉的基本送风制度分为哪几种？

热风炉的基本送风制度分为交叉并联、两烧一送和半交叉并联三种，还有一些送风制度，如三烧一送、一烧二送等都不构成一种基本送风制度，而是前三种基本送风制度派生出来的。

（1）交叉并联。它适用于拥有4座热风炉的高炉，2座热风炉送风，2座热风炉燃烧，交错进行。

（2）两烧一送制。它适用于拥有3座热风炉的高炉，2座热风炉燃烧，1座热风炉送风，按炉号次序轮流进行。它是一种老的基本的送风制度，必须在热风中混入一定量的冷风才能得到稳定的风温。

（3）半交叉并联制。它适用于拥有3座热风炉的高炉，用于控制热风炉的废气温度。具体是热风炉改为送风初期是与前一送风炉并联送风，中期则单独送风，后期又与另一刚改的送风炉并联向高炉送风。

4-39　影响送风制度的因素有哪些？

（1）每座高炉的热风炉座数和蓄热面积。

（2）助燃风机的能力和煤气管网的能力。

（3）高炉对热风的温度要求。

4-40　3座热风炉与4座热风炉的送风制度分别有哪些？

3座热风炉的送风制度有：交叉并联送风（单烧双送），风温送不高，一般不采取；半交叉并联；双烧单送。

4座热风炉的送风制度有：三烧一送、并联、交叉并联等。

4-41　热风炉送风制度怎样选择？

选择送风制度的依据是：

（1）热风炉的座数与蓄热面积。

（2）助燃风机与煤气管网的能力。

（3）有利于提高风温、热效率和降低能耗。高炉对风温风量的要求，并考虑发挥热风炉设备的潜力或保证热风炉设备安全，利于提高风温和热效率，降低能耗。

4-42　热风炉送风制度的变换对热风温度有什么影响，是不是所有热风炉都可以通过改变送风制度来充分发挥热风炉的潜力？

热风炉改变送风制度对风温的影响有：

（1）改变后如果热风炉燃烧期与送风期之比增加，说明燃烧期延长，就有利于风温的提高。

（2）改变后如果热风炉燃烧期与送风期之比缩小，说明燃烧的时间相对缩短，如热风炉燃烧器能力有富余时，就可以通过强化燃烧来弥补这部分损失，使热风炉潜力充分发挥，从而有利于提高风温水平。如热风炉燃烧器能力不足，不能弥补煤气燃烧量，不但不能提高风温，反而会造成风温大幅度下降。

总之，改变送风制度后，如果煤气燃烧量增加就有利于风温的提高，否则风温将大幅度降低，不是所有热风炉都可以通过改变送风制度来充分发挥热风炉的潜力。

4-43 热风炉烧炉有什么要求？

烧炉时煤气含尘量要求不大于10mg/m^3；煤气的机械水尽量除掉；煤气压力要求不小于4kPa，低于2kPa时减烧，低于1kPa时停烧，并向煤气支管通入蒸汽；热风炉的拱顶温度和废气温度不得高于设计时的最高值；根据高炉所需的风温确定合适的煤气用量，保持最小的过剩空气系数烧炉。

4-44 烧炉时拱顶温度超出规定应如何控制？

一般说来，高铝砖热风炉的炉顶温度规定小于1350℃、硅砖热风炉的炉顶温度规定小于1450℃。因故超过规定时控制方法有：

（1）配用高热值煤气的热风炉可减少或停用高热值煤气。

（2）相对增加助燃空气量或减少煤气量，通过增加过剩空气系数来控制炉顶温度。

（3）通过增加煤气量或减少空气量也能使拱顶温度不上升和下降，但这是绝对不可取的，因为这样会造成燃烧时空气量不足，不能使煤气完全燃烧，不但造成煤气浪费，污染环境，还有可能形成爆炸性气体发生爆炸事故，应禁止采用。

4-45　简述燃烧炉变为送风炉的程序。

关煤气调节阀→关煤气切断阀→关空气调节阀至点火角度→开氮气吹扫阀（吹扫 10 ~ 30s）→关氮气吹扫阀→关煤气闸阀、开煤气放散阀（两阀联锁）→关空气调节阀、关空气闸阀→关烟道阀→申请稳压装置→开均压阀→冷风压差不大于 10kPa→开热风阀→开冷风阀→关均压阀→调节混风阀。如没有氮气吹扫和稳压设备的热风炉，将开关氮气阀、申请稳压去掉就可以。

4-46　什么是换炉稳压装置？

换炉稳压装置就是在换炉过程中，由燃烧改为送风时，为减少灌风时冷风压力波动而设置的自动加压装置，保持换炉过程冷风压力稳定。

4-47　换炉过程使用稳压装置达不到稳压的原因是什么，怎样处理？

某钢厂高炉热风炉在使用换炉稳压装置情况下，达不到稳压的原因有：

（1）换炉结束正常送风后，由于送风炉烟道阀的送信号灭掉后又恢复正常，就申请启动稳压装置，导致风压上升。处理办法是增加稳压装置启动条件，原来只要烟道阀关的信号一来，就申请启动稳压装置，改为要冷风阀关信号与烟道阀关信号同时来才能申请启动稳压装置。

（2）燃烧炉改送风炉，当烟道阀关信号来，申请启动稳压装置后，煤气燃烧阀信号灭掉，没有开均压阀（煤气燃烧阀与均压阀联锁），导致风压上升。处理方法是立即停用稳压启动装置，将热风炉置于焖炉状态或手动开烟道阀，等煤气燃烧阀信号处理好，使用稳压装置，将热风炉置于送风状态或烟道阀打到自动。

（3）在换炉过程中刚好关好烟道阀在申请启动稳压装置时，工长要求不要换，造成压力升高，应立即停用稳压装置。

（4）在换炉过程中，稳压一半就停止稳压造成压力降低，原因是风压超过了启动稳压装置的最高极限，停止了稳压，处理方法是工长平时要避免在最高压力处生产。

（5）燃烧炉改送风炉时，关好烟道阀后，申请了稳压启动，但因均压阀故障没打开，导致风压升高，处理方法是立即停用稳压装置，等均压阀处理好后再启用。

4-48　简述送风炉变为燃烧炉的程序。

关冷风阀→关热风阀→开废气阀等废气压差不大于10kPa开烟道阀→关废气阀→开煤气燃烧阀、关煤气放散阀（二阀联锁）→开氮气阀（吹扫10~30s）→开空气闸阀→开空气调节阀至点火角度→开煤气切断阀→关氮气吹扫阀→开煤气调节阀。如没有氮气吹扫设备的热风炉关废气阀后应开空气闸阀→开煤气闸阀→开煤气切断阀→开空气调节阀→开煤气调节阀。

4-49　什么是燃烧配比，正常燃烧时煤气与空气的配比是多少？

燃烧配比就是燃烧煤气量与空气量的比例。正常燃烧时，煤气量与空气量的配比是1m^3煤气需要0.7~0.9m^3空气，这样配比的过剩空气系数为：高炉煤气1.05~1.10，混合煤气为1.1~1.15。

4-50　什么是“喷炉”，发生“喷炉”有哪些原因？

在热风炉烧炉过程中的回火和小爆震造成的回喷现象称为喷炉，这种现象主要出现在传统内燃式使用金属燃烧器的热风炉，现在的热风炉都是全封闭的，难以发现这种情况。引起“喷炉”的原因主要是：煤气不正常燃烧，瞬时产生大量的燃烧产物，无法经烟道及时排出，且燃烧产物的压力大于助燃风机产生的风压，从风机吸风口喷出。具体原因如下：

（1）煤气压力波动或不足。

（2）空气压力不足。

（3）燃烧室温度低，点火烧炉时经燃烧器送入煤气与空气混合物不能马上燃烧，形成小部分爆炸性气体，到达拱顶高温处才开始燃烧。

（4）炉子抽力小，格孔堵塞严重，热风炉的烟气不能及时排除。

（5）煤气空气的配比不当。点炉时发生“喷炉”可能引起震动，炉墙掉砖，对热风炉的寿命有影响，有时还会发生喷火伤人。

4-51　燃烧炉停烧时先关空气、后关煤气可以吗？

不可以。停烧时先关空气后关煤气会造成一部分未燃煤气进入热风炉，可能形成爆炸性气体，发生爆炸，损坏炉体。如果是传统内燃式热风炉单独供风机，未进入热风炉的一部分煤气从助燃风机喷出，易引起工作人员中毒，特别是当煤气闸板因故一时关不上，后果更加严重。

4-52　煤气流量表或助燃空气流量表不准怎样烧炉？

（1）按日常经验烧炉。

（2）根据助燃空气流量或煤气流量和废气含氧量进行烧炉。

（3）根据煤气调节阀与助燃空气调节阀的开位。

（4）如是传统内燃式热风炉可通过观察燃烧火焰。

（5）观察炉顶温度和废气温度上升情况。

（6）参考正常热风炉的烧炉情况进行烧炉。

（7）及时通知仪表工修理。

4-53　炉顶温度表失灵怎么办？

（1）严格控制废气温度不超过 350℃。

（2）参照另外燃烧炉的空燃比进行烧炉。

（3）根据平时烧炉的经验控制煤气调节阀和助燃空气调节阀的开位，注意废气含氧量及时了解燃烧情况。

（4）燃气成分好、发热值高时，要加大空燃比的值。

（5）根据热风炉内的燃烧情况进行烧炉（内燃式热风炉看火焰）。

（6）及时通知仪表工进行修理。

4-54 废气温度表失灵怎样烧炉?

凭经验进行烧炉，根据送风结束时状况，燃烧时煤气使用量，控制好烧炉时间长短，确保废气温度不超过规定值。具体操作如下：

（1）如有两支测温仪，根据好的那支测温仪烧炉，两支同时失灵凭经验用时的长短来掌握烧炉。

（2）根据送风时间长短、结束时炉顶温度高低、煤气用量大小等情况谨慎地掌握烧炉。

（3）参考另一燃烧炉煤气用量和废气温度上升进度进行烧炉。

（4）及时通知仪表工进行修理。

4-55 热风炉换炉操作有哪些技术要求?

（1）确保连续送风，不造成断风，不爆炸。

（2）风温波动小。

（3）风压波动小。一般指使用带小门的冷风阀，靠人工开小门的大小控制灌风速度，造成风压波动；目前都是用均压阀前的蝶阀来控制，调好后波动值不会变。

4-56 换炉操作的注意事项有哪些?

换炉操作的注意事项有：

（1）换炉应先送后撤，即先将燃烧炉转为送风炉后再将送风炉转为燃烧炉，绝不能出现高炉断风现象。

（2）热风炉一些阀门的开启要防止单面受压。热风炉是一个受压容器，在开启某些阀门之前必须均衡阀门两侧的压力。例如热风阀和冷风阀的开启，是靠冷风均压阀（或冷风小门）

开启向炉内逐渐灌风，均衡热风炉与冷风管道和热风管道之间的压力，之后阀门才开启的；再如烟道阀的开启是首先开启废气阀向烟道内泄压，均衡热风炉与烟道之间的压差之后才启动的。

（3）换炉时要先关煤气阀门、后关助燃空气阀门或停助燃风机（单独供风的热风炉）。换炉时，若先关助燃空气阀或先停助燃风机，会有一部分未燃烧煤气进入热风炉，可能形成爆炸性混合气体，引发爆炸，损坏炉体；如是单独供风的热风炉，还有部分煤气可能从助燃风机喷出，会造成操作人员中毒。尤其是在煤气闸阀关不严的情况下，后果更加严重。因此，必须严格执行先关煤气、后关空气（停助燃风机）的规定。

（4）换炉要尽量减少风温、风压的波动。

（5）操作中禁止"闷炉"。"闷炉"就是热风炉的各阀门呈全关状态（煤气放散阀除外），既不燃烧，也不送风。若需中断换炉可将灌好风的炉子内部压力泄掉。

（6）使用混合煤气的炉子，应严格按照规定混入高发热量煤气量，控制好炉顶和废气温度。

（7）热风炉停止燃烧时先关高发热量煤气后关高炉煤气；热风炉点炉时先给高炉煤气，后给高发热量煤气。

（8）使用引射器混入高发热量煤气，全部热风炉停止燃烧时，应事先切断高发热量煤气，避免高炉煤气回流到高发热量煤气管网，破坏其发热量的稳定。

4-57　灌满风后不能立即送风有何危害？

灌满风后不能立即送风就属于"闷炉"，"闷炉"之后，热风炉成为一个封闭的体系。在此体系内，热风炉炉顶高温部位的热量就向下部低温部位传递热量，这样会造成下部温度过高，烧坏支柱与炉箅子；另外，可能导致热风炉内压力增大，炉顶、各旋口和炉墙难以承受，容易造成炉体结构的破损，故操作中禁止"闷炉"。

4-58 什么是热风炉的一个工作周期，一个工作周期由哪些时间组成？

热风炉从开始燃烧到送风结束的全部时间称为一个工作周期。热风炉的工作周期由燃烧时间、换炉时间、送风时间（有的热风炉还有自身预热时间）组成。

4-59 热风炉一个工作周期中炉内的温度怎样变化？

炉顶温度的变化是从一座热风炉送风结束时的炉顶温度（1000℃左右）开始，用最快的速度将炉顶温度烧到操作规程规定的最高温度（1350℃左右），再进行恒温到烧炉结束，进行换炉转为送风，炉顶温度随着送风时间的延长逐渐降低到需燃烧的温度为1000℃左右。

烟道废气温度从热风炉开始烧炉后逐渐上升，到烧炉结束时达到了规定的最高值，转为送风后逐渐降低（如果烟道温度表安装在烟道阀外面则不会因为送风而降低）。

4-60 热风炉的“三勤一快”的内容是什么？

做好热风炉工作的基本方法是“三勤一快”，它的内容是勤联系、勤调节、勤检查、快速换炉。

（1）勤联系。经常与高炉值班人员、煤气调度人员联系，及时了解高炉炉况、风温使用情况、煤气平衡情况，根据这些情况选用相应的操作制度。

（2）勤调节。燃烧的热风炉，由于煤气压力、温度、助燃空气的温度频繁变化，导致调整好煤气与空气的配比发生变化，燃烧炉的拱顶温度和废气温度也随着产生变化，偏离最佳值，要做到勤调节，始终使煤气保持最佳的燃烧，蓄积足够的高温热能，满足风温的需要。

（3）勤检查。热风炉是在高温、高压、煤气的环境中操作，运行设备容易发生故障，要对运行设备、炉体勤加检查，发现问题及时处理。

（4）快速换炉。这主要是指换炉过程全手工操作的时代，换炉速度快风压波动大，影响高炉生产；换炉速度慢，热风炉的燃烧时间相对减少，影响风温提高，要在风压不超过规定值的前提下做到快速换炉，操作工要有相当丰富的经验。现在换炉基本上是用均压阀电脑控制，在均压阀前加一蝶阀，把蝶阀开位调到高炉所允许的最高压力波动范围内，再加以固定，换炉时只开均压阀，就可以达到最快换炉的目的，而风压波动又在许可范围内。

4-61 简述热风炉停煤气操作程序。

（1）接到高炉值班工长停煤气通知和信号后将燃烧炉停烧。

（2）在重力除尘器通入蒸汽，见高炉炉顶放散阀打开后，打开其顶部放散阀。

（3）关闭重力除尘器煤气切断阀；如是干法布袋除尘或重力除尘器没有切断阀的高炉，操作是关各箱体荒煤气支管蝶阀，开荒煤气总管氮气吹扫阀。

（4）如煤气系统需检修，则还需倒好净煤气管道上盲板切断与外界的联系，整个系统做全面吹扫。

（5）对煤气系统做一次全面检查。

4-62 高炉停风、停气时没有气源可充压怎么办？

高炉转入按炉顶不点火的长期休风和无蒸汽休风处理煤气，迅速组织打开管网的放散阀和人孔（从高处打到低处，操作人员不要正对人孔），使管网和大气相通，关闭各煤气支管的切断阀做分段处理。在煤气管网范围内严禁动火。

4-63 简述引煤气的操作程序。

下述的引煤气是指热风炉班组的操作，这班组主要负责热风炉及重力除尘器工作：

(1) 接到值班室引煤气的信号后，立即通知干法除尘，同时开大重力除尘器蒸汽量。

(2) 得到煤气调度许可后，开除尘器切断阀。

(3) 得到干法除尘同意后，关闭重力除尘器放散阀。

(4) 高压高炉引煤气后通知煤气调度高炉高压或常压情况，并酌情作相应操作。

4-64 重力除尘器煤气切断阀（遮断阀）故障如何处理？

煤气切断阀是为了在高炉休风时，能迅速将高炉与煤气系统分隔开而安装的。它安装于重力除尘器上部圆管与煤气管下降相交处下部，平时提起，不阻止高炉与除尘器煤气通路，在处理煤气过程中，煤气切断阀故障，可采取如下措施：

(1) 如果是电气系统故障，可改手动操作。

(2) 如果是阀体故障，根本不能关时，应找出原因，排除故障后休风，在特殊情况下，必须立即休风时，可关闭与煤气管网联络的盲板阀，切断煤气。此时，整个系统必须通蒸汽，除尘器、炉顶保持正压。送风后开密封蝶阀前，先开密封蝶阀放散数分钟，才能打开密封蝶阀，最后关上放散阀，关闭蒸汽，这种休风办法仅适用于短期休风。如果时间长，可考虑处理煤气。现在都是高压高炉，遮断阀的拉杆很容易造成漏煤气，有很多高炉已经取消了这个阀，通过关闭干法布袋除尘箱体进口蝶阀来实现高炉与煤气系统分隔。进口蝶阀前用氮气吹扫，蝶阀后由净煤气保压。

(3) 处理该阀时要注意，切断阀在处理过程中突然掉下，造成拉阀的钢丝绳弹起伤人。处理时不要把钢丝绳全部松开，消松一点以切断阀掉下绳不弹起为准。

4-65 高炉放风时热风炉怎样操作？

(1) 接到放风信号后立刻停止富氧，当工长拉开放风阀放风时，立即关闭混风调节阀和混风闸阀。

（2）视煤气条件减烧或停烧热风炉。

（3）放风时风压不得低于 5kPa，且时间不超过 10min，否则应建议工长改为休风。

4-66　什么是休风，休风分为哪几种？

高炉因故临时中断作业，关上热风阀称为休风。休风分为短期休风、长期休风和特殊休风三种情况。

（1）休风时间在 2h 以内称为短期休风，如更换风口、渣口等的休风。

（2）休风时间在 2h 以上称为长期休风，如在处理和更换炉顶装料设备、煤气系统设备等。休风时间较长，为避免发生煤气爆炸事故和缩短休风时间，炉顶煤气需点火燃烧。

（3）如遇停电、停水、停风等事故时，高炉的休风称为特殊休风。特殊休风的处理应及时果断。

4-67　简述休风操作程序。

（1）接到休风通知后立即将双炉送风改为单炉送风，并停止富氧。

（2）见高炉减风作业时，即可关闭混风调节阀。

（3）见休风信号时关闭混风闸阀。

（4）冷风放风阀打开后，立即依次关闭送风炉的热风阀—关闭冷风阀—开废气阀。

（5）休风结束后对热风炉、煤气系统作全面检查。

4-68　简述紧急停风操作程序。

（1）关闭混风调节阀、混风闸阀。

（2）停富氧。

（3）各煤气管道通入蒸汽，将燃烧炉停烧转“闷炉”。

（4）在冷风放风阀打开后，立即关闭送风炉的热风阀、冷风阀，稍开废气阀。

（5）关闭重力除尘器切断阀，拉开除尘器放散阀。

（6）如净煤气管道内有煤气，即有煤气柜反供煤气或只有本高炉停气，就不需通分管蒸汽，也不必拉分管放散阀。

（7）如果是停电蓄能器能正常工作时，燃烧炉自动停烧，另外阀门要通过电磁阀手动操作，关闭混风阀，接到工长休风指令后关送风炉的热风阀、冷风阀、开废气阀。手动关闭各调节阀，检查冷却水冷却情况，并采取相应的措施。如果蓄能器不能正常工作，要想办法手动将各阀门处于所需要的位置。

（8）对煤气系统和热风炉系统进行全面检查。

4-69 高炉鼓风机突然停风，热风炉如何处理？

按紧急停风处理：

（1）立即关上冷风大闸。

（2）停富氧。

（3）尽快把热风炉停止燃烧。

（4）得到高炉停风指令后关冷风阀、热风阀、开废气阀。

上述操作的目的是：

（1）避免炉缸的残余煤气倒流到冷风管道和鼓风机，发生爆炸事故。

（2）将所有燃烧炉停烧是为了维持煤气管网的压力。

4-70 某钢厂 3 号高炉紧急停电为什么在 90s 内发生冷风管道爆炸？

主要原因有：

（1）3 号高炉是采用干法布袋除尘器进行煤气除尘的，有 1 个重力除尘器、12 个除尘箱体和相应的煤气管道组成，由 TRT 控制高炉炉顶压力，当停电时高炉鼓风机也停冷风，压力快速下降，这时除尘箱体、重力除尘器及煤气管道等容器内大量高压力煤气通过高炉、热风炉快速倒流到冷风管道内。

（2）3 号高炉富氧方式是在冷风放风阀前 2m 左右加入，高炉停电时富氧没有同步停止，纯氧气与倒流冷风管道内的煤气混合产生了着火温度低、燃烧温度高、爆炸威力大的爆炸性气体。

（3）通过热风炉的高温煤气本身就是热源，高炉煤气与氧气混合时着火温度较低，这样就具备了煤气爆炸的条件，发生了爆炸。

因此，高压高炉发生紧急停电、鼓风机故障等造成冷风管道突然失压时，要快速、果断进行紧急停风操作。另外富氧要与鼓风机联锁，停鼓风机时自动同步停富氧或者装有低风压自动停富氧装置，这样才能避免这种事故的发生。

4-71　高炉通过什么实现与送风系统、煤气系统的彻底断开？

高炉通过关送风炉的冷风阀、热风阀、混风阀，并卸下吹管来实现与送风系统彻底断开；通过倒好煤气管网上的盲板和高炉炉顶进行点火来实现与煤气系统的彻底断源。

4-72　高炉煤气系统处理煤气的原则是什么？

高炉长期休风处理煤气必须严格遵守稀释、断源、敞开、禁火的八字原则。

（1）稀释。向整个煤气系统的隔断部分通蒸汽或氮气，以达到稀释煤气浓度、降低系统温度、并置换出系统的残余煤气的目的。

（2）断源。采取倒盲板（或封水封）切断高炉煤气系统与煤气管网的联系；炉顶点火燃尽新生煤气，做到彻底断源。

（3）敞开。按先高后低、先近后远（对高炉而言）的次序开启全部放散阀和人孔，使系统完全与大气相通。

（4）禁火。在处理煤气期间，整个煤气系统及附近区域严禁动火，以防煤气爆炸事故发生。

4-73　休风时忘关混风大闸的特征和后果是什么？

特征：

（1）休风后高炉仍然有风量。

（2）倒流时风口煤气很大。

后果：如果冷风放不净，可能影响倒流；若冷风放净，会造成高炉煤气倒流进入冷风管道，在冷风管道内形成爆炸性气体，引起爆炸事故。

4-74　停风时混风闸阀忘记关、关不严或紧急停风时有煤气进入冷风管道应怎样处理？

这时仍应关闭混风阀，选择烟道温度较低的热风炉（一般是原来送风的热风炉，如高炉突然停风，把送风炉的热风阀关闭，不关冷风阀），开废气阀或烟道阀、开冷风阀，让煤气抽入烟囱排入大气，约15~20min后，可关冷风阀和烟道阀。

4-75　高炉休风时热风炉的混风大闸关不严应怎样操作？

（1）休风前低压时，风压不得低于5kPa，保证冷风压力高于热风压力。

（2）关严混风调节阀。

（3）关送风炉的热风阀和冷风阀。

（4）开倒流阀进行煤气倒流，同时放风到零。

（5）迅速卸下全部吹管，风口堵泥，使高炉与送风系统彻底断开。

4-76　高炉休风时不关冷风阀可以吗？

不可以。因为：

（1）放风阀严，炉缸的残余煤气可能倒流窜入冷风管道，引起爆炸。

（2）如不严，高炉达不到完全休风，易发生烧伤和煤气中毒。

4-77　高炉停风，预防煤气进入冷风管道的措施有哪些？

预防措施有：

（1）高炉停风机或关鼓风机出口阀门之前，必须堵风口、卸风管，断绝高炉与冷风管道的联系。

（2）在冷风管道无压力的情况下，倒流阀要保持开启状态，以便将炉缸的残余煤气抽走。

（3）在混风管道设水封，防止炉缸煤气窜入冷风管道和鼓风机。

（4）在冷风混风大闸和风温调节阀之间设气封。

（5）如是停鼓风机的紧急休风，停风操作要果断，防止煤气经热风炉进入冷风管道。

4-78　停风时遇到哪些情况需处理冷风管道和热风炉内的煤气？

凡有可能使炉缸煤气倒流到热风炉和冷风管道的情况都要进行处理，开送风炉的冷风阀、烟道阀 15～20min 后，将冷风阀关闭，保持烟道阀在开启位置。具体有以下情况：

（1）在停风过程中，风压放到很低所需要的时间较长。

（2）高炉停风时间较长。

（3）高炉风机停机。

（4）高炉停风后长时间没有进行倒流回压操作。

（5）高炉停鼓风机的紧急停风。

4-79　休风时高炉放风阀失灵（不能放风）怎样用热风炉放风、休风？

用热风炉放风、休风的操作如下：

（1）休风时通知鼓风机减风 50%或更低，关混风闸阀。

（2）打开送风炉的废气阀放风。

（3）一个热风炉的废气阀不够用时，开另外停烧炉的均压阀，开冷风阀和废气阀，观察烟道阀前后的压差，在许可范围内开烟道阀放风。

（4）按休风程序休风，关送风炉的热风阀。

（5）在休风期间用烟道阀或废气阀放风的热风炉，冷风阀、烟道阀不得关闭，以免损坏鼓风机。

4-80 高炉休风时放散阀失灵不能放散怎么办？

（1）如果是炉顶一个放散阀打不开，高炉可以进行短期休风，只要高炉低压时间长些即可。

（2）两个放散阀都打不开时，高炉的休风操作如下：

1）高炉减风到允许值，不关重力除尘器切断阀，打开重力除尘器的放散阀和煤气切断阀上方的放散阀放散煤气，经过一段时间后高炉可正常进行休风。

2）休风后安排检修人员处理放散阀。

3）炉顶点火的长期休风，必须打开放散阀后才能进行。

4-81 简述用热风炉放风休风的复风程序。

（1）用不是用烟道阀放风的热风炉复风，开送风炉的热风阀、冷风阀。

（2）根据高炉需要逐渐关用烟道放风的热风炉的冷风阀，直至全关。

（3）通知值班工长热风炉送风完毕。

（4）其他按平时正常复风程序进行。

4-82 怎样根据冷风压力、流量、热风压力变化判断高炉断风的原因？

（1）鼓风机停：冷风、热风、流量都到零。

（2）放风阀放风：冷风、热风、流量三者都降低，但没回零。

（3）误操作关热风阀或冷风阀：冷风压力上升，热风压力下降甚至到零，流量下降甚至到零。

4-83 热风炉误操作导致高炉断风时，为什么不容易立刻打开冷风阀或热风阀恢复送风？此时应怎样处理？

因误操作关了送风炉的冷风阀或热风阀而断风会造成热风压力剧降，冷风压力剧升，冷风流量降低到零位，此时冷风阀或热风阀处于单侧受压状态，所以不容易打开，可能造成高炉灌渣、憋坏鼓风机等重大事故。

处理办法是：立即把造成断风情况汇报值班工长，如混风大闸没有处于关闭状态，立即全开混风调节阀，再开误操作时被关的冷风阀或热风阀，如打不开，通知高炉放风降压使冷风压力与热风压力差不超过10kPa时，再复风。

4-84　有热风炉在放风时为什么不能用另一热风炉倒流？

有热风炉在放风时不能用另一热风炉倒流的主要原因是：用热风炉放风有很多冷风进入烟道，如再用另一热风炉倒流，会有很多燃烧不完全或没有燃烧的煤气进入烟道，两侧进行混合就产生了爆炸性气体，造成爆炸事故，所以在用热风炉放风时禁止用热风炉倒流。另外用热风炉放风，烟道总管内有一定的冷风压力，如冷风压力大于烟囱抽力，冷风会通过倒流炉进入到高炉和助燃风机吸风口，不但起不到倒流作用，反而会使炉缸内煤气更多并烧坏助燃风机。

4-85　什么是倒流休风，其操作程序是什么？

倒流休风就是使炉缸内残余煤气通过热风管道、热风炉、烟囱或专用倒流阀、倒流管倒流到大气中去的休风。

倒流休风的操作程序如下：

(1) 高炉风压降低50%以下时，热风炉全部停烧。

(2) 关冷风调节阀、冷风大闸。

(3) 接值班工长通知和停风信号后热风炉关送风炉的冷风阀、热风阀、开废气阀，放净废气。

(4) 值班工长通知倒流后开倒流阀，进行煤气倒流。

(5) 如果是用热风炉倒流，按下列程序进行：

1) 开倒流炉的烟道阀、燃烧闸板。

2) 打开倒流炉的热风阀进行倒流。

(6) 确认停风，倒流好后通知工长。

4-86 倒流管着火的原因是什么？

（1）高炉冷却设备漏水，炉缸煤气中含氢量太高。

（2）煤气切断阀（重力除尘器上）漏气严重，煤气管网中的煤气通过高炉倒流过来。

4-87 倒流休风时倒流管着火怎样处理？

倒流休风时倒流管着火的处理方法是：如是漏水要迅速查找和排除，如果是切断阀关不严重关一下。不管什么原因，发现着火时，作为应急措施改用热风炉倒流或者转为正常休风，关小窥孔，或先停止倒流等火灭后再倒流。

4-88 倒流休风时倒流管烧红怎样处理？

（1）应急措施；立即关上几个风口的视孔大盖，减少倒流煤气的燃烧量。

（2）查找原因：如属冷却设备漏水，应立即将破损的冷却设备关水；如因煤气切断阀没关严，立即重新关闭。

4-89 倒流休风的作用是什么，在何处安装倒流休风管？

高炉休风后，炉缸内仍残留一定压力的煤气，如任其从风口冒出，遇空气就会燃烧，火焰给炉前工操作带来困难，将这部分煤气通过热风管道经热风阀进入热风炉，燃烧后再由烟道排出或经倒流阀和倒流管排出，方便炉前工作，这就是倒流休风的作用。

可在热风总管上安装一定高度的倒流休风管，把炉缸内残留煤气直接排到大气中，也有将倒流管安装在热风总管的尾端。本人认为安装在距高炉较近的热风总管上，经过总管的距离短，对耐火砖衬损害少。

4-90 倒流休风的注意事项有哪些？

倒流时为了让空气从视孔抽入，应使倒流的煤气尽量完全燃烧。风口的视孔盖要均匀地多打开一些，一般小高炉在 1/2 以上；大型高炉因风口多，打开 1/3 以上即可。

4-91　怎样用热风炉进行倒流，有哪些注意事项？

硅砖砌筑的热风炉、助燃空气集中供风的热风炉，禁止用热风炉倒流，其他热风炉也只有在专用倒流系统出现故障时才能用热风炉倒流。用热风炉倒流的程序是：

（1）打开倒流炉的烟道阀和燃烧阀。

（2）开倒流炉的热风阀进行煤气倒流。

注意事项有：

（1）倒流炉的炉顶温度，应在 1000℃以上。

（2）倒流时间不超过 60min，否则将换炉倒流，换炉时要先开另一个倒流炉，后关需停止的倒流炉。若倒流时间过长，会造成炉子大凉，炉顶温度大大下降，影响热风炉正常工作和炉体寿命。

（3）一般不允许两座热风炉同时倒流。

（4）正在倒流的炉子不允许开煤气阀给煤气燃烧。

（5）倒流炉不能立即用作送风炉，如必须使用，在停止倒流后抽几分钟（5min 以上），待残余煤气抽净后，方可用其送风。

4-92　用热风炉倒流有哪些危害？

（1）荒煤气中含有一定量的炉尘，易使格子砖堵塞和渣化。

（2）倒流的煤气在热风炉内燃烧，初期炉顶温度过高，可能烧坏衬砖；后期煤气又太少，炉顶温度会急剧下降。这样的温度急变，对耐火材料不利，影响热风炉的寿命。

4-93　用炉顶温度过低的热风炉来倒流有什么坏处？

（1）会造成炉顶温度进一步降低，影响倒流后再燃烧工作。

（2）温度过低会导致倒流过来的煤气不能在炉内燃烧或不

完全燃烧，形成爆炸性气体，易引起爆炸，所以规定不能低于1000℃。

4-94　倒流炉不能自然烧炉的原因是什么？

自然烧炉后，会造成倒流过来的煤气在热风炉内不能完全燃烧，如碰到烟道管漏气，会形成爆炸性气体，发生爆炸，平时要求烟道管道保持密封就是原因之一；另外倒流炉如自然烧炉，会导致烟道抽力减少，影响倒流效果。

4-95　倒流休风时热风管道温度过高的原因是什么？

倒流休风时热风管道温度过高的原因大都是由于高炉冷却设备漏水，在炉缸内产生大量水煤气，在热风管道中激烈燃烧的结果，严重者可将热风支管、围管、总管的耐火砖衬烧坏。处理措施是：关上一些风口视孔盖，以减少燃烧，检查关闭漏水设备。

4-96　倒流休风对哪些部位最不利？

倒流休风高炉炉缸的残剩煤气，特别在高炉喷吹的情况下，含大量氢气，其燃烧后的温度升高，比风温要高100~300℃，对热风围管、总管、倒流管耐火材料或热风炉耐火砖衬、格子砖不利。

4-97　高炉长期休风炉顶灭火如何处理？

（1）发现灭火，立即向炉顶通10~15min蒸汽或氮气，然后再重新点火，点火时要通知风口前的人都离开。

（2）仍点不着火，应继续给明火，至点着火。同时，还需要设专人看火。

4-98　复风时热风炉送不上风的原因是什么？

热风炉送不上风的主要原因是热风阀或冷风阀的前后压差太大，热风炉只打开送风炉的冷风阀就通知高炉值班工长盖泄风阀，这时热风炉会出现冷风压力很高，热风压力还是零，冷风流量也是零。处理方法是立即通知工长重新打开泄风阀放风，热风炉也打开这座送风炉的废气阀进行放风，直到冷风压力与热风压力之差小于10kPa打开送风炉热风阀、关上废气阀，通知高炉工长送风；另外在液压系统正常情况下就是相关阀的机械原因，可以用另一座热风炉进行送风，再处理故障阀。

4-99 怎样进行开炉前的设备联合试车？

试车的范围较广，凡是运转设备都需进行试车。试车可分为单体试车、小联锁试车和系统联锁试车；又可分为试空车（不带负荷）和试重车（带负荷）。试车顺序由单体到系统联锁、由试空车到试重车，只有试重车正常后才可开炉生产。

4-100 试车的目的是什么？

（1）检验各种设备的安装是否符合标准规范，是否能正常运转。

（2）实测各种设备运转的技术性能是否符合出厂标准。

（3）检验各种设备的运行参数是否达到设计指标，能否满足生产需要。

（4）检验各种设备的安全装置是否符合国家规定标准、运行是否可靠，以确保安全生产。

（5）需要国家安监部门验收的特种设备，试车合格后向主管部门报批，批准后才能使用。

4-101 热风炉系统单体如何试车？

（1）检查各阀门安装是否符合标准规定，开关是否灵活、开关时间是否满足工艺要求与能否开关到位。

（2）检查电动传动的各个阀门开关是否到位，不正常时要及时进行调整，调整正常后设定极限位置，确保生产需要。

（3）检验手动操作时安全联锁是否可靠。

（4）各阀安装前要检查确认外面的开关标志与阀实际情况是否一致。

4-102 如何进行热风炉联合试车？

（1）首先现场操作使热风炉各阀门处于停风状态。

（2）按操作顺序动作各阀，测定阀体动作时间是否符合设计要求。

（3）检查自动控制程序是否运行正常。

（4）联合试车内容如下：1）由燃烧转闷炉操作；2）由燃烧转送风（或由闷炉转送风操作）；3）由送风转燃烧操作；4）由送风转闷炉操作（包括倒流休风）；5）由闷炉转送风操作。

（5）最后进行断电试车，确定是否满足工艺要求。

4-103 热风炉冷却系统如何试车？

（1）所有冷却阀门的进出水调试。

（2）供排水水管试压后是否正常。

（3）热风炉供水系统流量，压力是否达到设计标准。

（4）热风阀开关时进出水软管间、软管与其他构件之间有无碰到相互摩擦，检修更换是否方便。

（5）检查清洗过滤器运行是否正常。

（6）如是软水闭路循环冷却还要试运行加压泵故障时，备用泵是否能自动开启，停电时柴油泵开启时，水压、流量能否达到设计要求。

4-104 热风炉与高炉各系统试漏目的是什么？

试漏目的是为确保高炉烘炉顺利及开炉后的安全生产，在高炉烘炉前应进行全系统的试漏、检漏、堵漏工作。试漏介质为鼓风机输出的冷风。

（1）查出漏点进行堵漏，确保开炉后不泄漏煤气。

（2）检查送风系统、热风炉、高炉本体，煤气除尘系统全流程的工况运行情况。

（3）检查有关阀门的工作状况、严密性和整个系统的强度情况。

4-105　试漏范围包括哪些？

试漏范围包括高炉本体、热风炉、热风管道、上升管、下降管、重力除尘器、半净煤气管道、布袋除尘或湿法除尘设备、减压阀组和 TRT 前高压净煤气管道等。

4-106　为什么要对热风炉进行试漏？

新建或大修的高炉竣工投产之前，必须对热风炉设备进行检测（试漏）；检查施工过程可能出现的缺陷，并及时消除；确保阀门不漏风、冷却设备不漏水、管道系统不漏气，各种设备性能良好，为安全顺利开炉奠定基础。

4-107　热风炉系统试漏前的准备工作有哪些？

（1）送风系统施工结束具备试漏条件，试漏设备的人孔封好，试漏前热风炉各阀门必须经过单机试车和联合试车合格，运转正常。

（2）各种监测仪表安装完成，微机画面显示正常，反应灵敏准确，每座热风炉装一块压力表，监测压力。

（3）试漏前将冷风阀、热风阀及混风闸阀、煤气阀、空气阀、烟道阀、废气阀、冷风均压阀都关上；煤气放散阀打开，使每座热风炉处于闷炉状态。

（4）组织好试漏人员，有专人负责统一指挥。

（5）准备好对讲机、发泡剂、记号笔。

4-108　高炉系统试漏如何分段？

高炉系统试漏分为三段进行：

（1）热风炉部分。

（2）高炉本体部分。

（3）高炉本体及除尘系统同时进行。

各部分进行试漏、严密性试验及强度试验，试漏用鼓风机。

4-109 简述热风炉试漏、严密性试验及强度试验操作程序。

（1）按试漏要求检查各阀所处状态，进行确认签字。

（2）炼铁调度通知启动风机，并在试漏前30min把风送到放风阀。

（3）开冷风均压阀。

（4）第一步试大漏。由值班工长关放风阀，逐步将风压升至40~50kPa，由试漏人员进行漏点检查，如出现严重的漏点必须立即休风处理，小漏点用记号笔做好标记，试漏完后一并处理。

第二步严密性试验。试漏结束后，逐步将风压升至80kPa，用肥皂水（工程施工单位准备）详细检查焊缝及法兰连接部位，保压120min，试完后及时安排堵漏工作。

第三步强度试验。在严密性试验及堵漏工作结束后，高炉本体部分及布袋除尘系统进行强度试验，逐步将风压升至140kPa，保压30min，但需加好炉顶及重力放散阀配重（目前基本上用无配重放散阀，开关用油缸控制），避免吹开，每座热风炉依次进行以上3项试验，全部试验结束后，高炉休风，通知风机停风。

4-110 简述热风炉的试漏程序。

热风炉的试漏程序是：

（1）由鼓风机房把风送到放风阀处。

（2）开冷风均压阀，关放风阀，压力由鼓风机房控制，逐渐提高冷风压力，风压达到0.15~0.2MPa。

（3）风压达到0.15MPa以上后，检漏人员将肥皂水刷到各种阀门、法兰、管道和炉皮焊缝等部位，在有缺陷部位打上记号，等待试漏后处理。

（4）设备经检查确定缺陷后，打开放风阀，将冷风放掉，即停止试漏，通知鼓风机房停止送风。

（5）每座热风炉可进行单体试漏，经试漏后的热风炉就具备了烘炉条件；有时也可在烘炉后与高炉一起进行试漏。

4-111　简述热风炉试漏时冷风流程。

鼓风机→冷风管道→放风阀→冷风阀均压阀→热风炉（炉顶放散阀开、冷风不进入高炉，热风阀、燃烧阀、烟道阀、冷风阀、煤气切断阀、空气阀、废气阀、混风大闸均关闭；只开冷风均压阀）。试漏最大压力为设计的热风压力。

4-112　简述高炉和煤气除尘系统试漏时冷风流程。

鼓风机→放风阀→冷风管道→混风管道→热风总管和围管→高炉→上升管→下降管→重力除尘器→半净煤气管道→布袋除尘→高压阀组和 TRT（热风炉冷风阀全关、热风阀全关、冷风均压阀全关，冷风大闸和冷风调节阀全开，冷风不进入热风炉，至调压阀组和 TRT 结束）。

4-113　通风试漏中的异常情况如何处理？

（1）风压达不到规定压力时：

1）检查鼓风机送风情况，如风量不足可再增加风量。

2）检查放风阀是否关到位。

3）检查冷风管道有无漏风现象。

4）检查冷风阀、热风阀、烟道阀、倒流阀是否关严。

（2）试漏压力超过规定范围时：高炉放风阀放风调整风量。

（3）冷风阀、热风阀没有关严，风窜到热风炉时：

1）如果已将燃烧炉吹灭，立即停止燃烧（试漏过程热风炉一般都停止燃烧）。

2）立即放风，将漏风的阀门关严。

3）漏风问题解决后再重新试漏。

(4) 试漏过程中发生炉皮或管道开裂：

1) 立即用放风阀将风全部放掉。

2) 关混风大闸休风。

3) 打开炉顶放散阀。

4) 通知鼓风机停止送风。

5) 组织人员处理开裂事故。

4-114 试漏安全事项有哪些?

(1) 试漏时无关人员一律撤出现场并做好警戒。

(2) 检查人员在没有得到指令之前，在指定地点待命，不得在高炉周围逗留。

(3) 试漏时没有领导小组的指令，试漏系统各阀门任何人不许乱动。

(4) 冷风阀、热风阀必须关严停止烧炉。

(5) 注意铁口通道的严密情况，漏风严重时要停止试漏。

(6) 试漏过程中经常与鼓风机联系，出现问题及时处理。

(7) 如果出现意想不到的问题时，一切行动听从指挥不得乱跑。

4-115 热风炉烘烟囱时要注意什么?

新建热风炉烘炉前都要先进行烘烟囱，一般都是用木柴进行烘烤，要准备足够的木柴及点火用的废油、围丝等，在点火前装木柴时，不要把木柴堆放到烟囱的墙上，防止把烟囱烧坏。

4-116 热风炉烘炉的目的是什么?

不管用什么耐火材料砌筑的热风炉，使用前都要进行烘炉，目的是：

(1) 缓慢地驱赶砌体内的水分，避免水分突然大量蒸发，破坏耐火砌体。

(2) 使耐火砖均匀、缓慢而又充分膨胀，避免砌体因热应力集中或晶格转变造成损坏。

(3) 使热风炉内逐渐地蓄积足够的热量，保证高炉烘炉和开炉所需的风温。

4-117 热风炉烘炉原则是什么？

(1) 烘炉以拱顶温度为依据，兼顾废气温度和转换区（硅砖与其他砖交界处）的温度。

(2) 烘炉前要根据热风炉的大小、修建情况、耐火材料性质等条件，依据前期慢、中期平稳、后期快的升温原则，制定合理的烘炉曲线。

(3) 必须严格按烘炉曲线升温，操作人员可以利用烟道、助燃空气调节阀、煤气调节阀等来控制燃烧煤气量及助燃空气量，拱顶温度的波动控制在-5～+10℃的范围内。热风炉炉顶如果是硅砖，温度波动应控制在-2～+5℃为宜。

(4) 热风炉烘炉必须连续进行，严禁时烘时停，以免砖墙产生裂缝。新建或大修后的炉子，烘炉前应先期烘烤主烟道。如因故必须停止烘炉时，要设法保温，恢复烘炉后，应在当时温度基础上重新按规定升温速度升温（硅砖热风炉要恒温6～12h后再按当时温度重新按规定升温速度升温），切不可因停烘延误了时间而加快升温速度。

(5) 注意控制烟道废气温度，不得超过正常允许水平，硅砖热风炉烘炉时间长，特别要加以控制。

(6) 已使用多年的耐火砌体的烘炉时间，可以适当地缩短。

(7) 由于烘炉废气中含有大量的水，在低温区会有冷凝水析出积聚，烘炉时间长的硅砖热风炉，含水量较大耐热混凝土尤为严重。因此，烘炉期间要定期从主烟道、拱顶连接管、燃烧室，蓄热室、热风阀等处的放水阀排水，并定期取样分析废气中的水分。

(8) 烘炉结束，炉顶温度必须保持在1000℃以上，烘炉达到计划温度后，开始试通风。每次试通风后再次燃烧时，炉顶升温数值要根据具体情况确定，一般控制在40~50℃。不允许一次通风后就转为正常（最高）温度；应当通过几次通风后，温度达到正常规定的数值，以免发生烘炉事故。

(9) 硅砖热风炉还要注意转换区温度，升温速度要符合硅砖的要求。

4-118 热风炉烘炉需具备哪些条件？

(1) 热风炉及热风管道施工完毕，达到质量要求标准。

(2) 热风炉系统包括本体、热风管道的冷态强度试验及严密性试验完毕，达到规范要求。

(3) 热风炉煤气管道、预热器严密性试验合格，煤气引到热风炉，具备烧炉条件。

(4) 冷却系统（包括软水闭路循环）投入正常使用，监测装置调试完毕，工作可靠。

(5) 两台助燃风机试车结束，达到正常要求。

(6) 各检测仪表和显示信号运行正常，特别是拱顶温度、废气温度、煤气压力、煤气及助燃空气流量保证准确可靠。

(7) 热风炉系统各阀门动作灵活可靠、极限正确，单机试车达到规定标准，微机控制及液压系统必须联动试车完毕，达到生产要求标准，具备正常生产条件。

(8) 热风炉系统所有人孔封闭（点火人孔、煤气阀、燃烧阀前人孔除外，拱顶排汽人孔打开并安装上膨胀标尺）。封人孔前热风炉、管道，特别是空气、煤气管道内杂物必须确认清扫干净。

(9) 如在热风炉烘炉期间，高炉内有人施工，热风炉倒流阀要确保在打开状态，热风炉与高炉必须彻底隔断。即在高炉风口弯头处堵盲板，将热风炉系统与高炉彻底隔断。

(10) 通信和照明设施完备，各通道、操作平台杂物清理干净安全实施齐全。

(11) 热风炉地脚螺栓松开，以免炉体受热膨胀后损坏设备。

（12）操作人员经过培训，能熟练操作各设备、熟悉各设备阀门的具体位置。

（13）热风炉系统的补偿器要处于生产状态。

（14）烘热风炉前先烘好烟囱。

4-119　什么是热风炉的烘炉曲线？

烘炉必须遵守升温速度和保温时间，而用时间—温度来表示的关系图表为烘炉曲线。

4-120　为什么要制订烘炉曲线？

烘炉曲线是为了保证烘炉质量，在烘炉过程中有可以遵循的标准而制订的。烘炉时炉温上升速度应符合事先制订的烘炉曲线规定，做到安全烘炉，但在烘炉过程中想使炉温上升速度完全符合理想的烘炉曲线是比较困难的，实际炉温上升时总会有波动，但不应偏离烘炉曲线太远，否则可能产生不良后果。

4-121　热风炉的烘炉曲线是根据什么制订的？

热风炉的烘炉曲线是根据耐火材料在受热后，随温度的升高体积变化规律和水分蒸发时防止爆裂而制订的，是烘炉过程遵循的标准。

4-122　热风炉烘炉的注意事项有哪些？

在烘炉过程中，为保证烘炉质量，应注意以下问题：

（1）烘炉必须连续进行，严禁停歇。

（2）烘炉废气温度不得大于 350℃。

（3）炉顶温度大于 900℃，可向高炉送风供高炉烘炉。在高炉烘炉过程中，是热风炉烘炉的继续，炉顶温度应通过几次送风后逐渐升高，不允许一次送风后就转为正常（最高）温度。

（4）烘炉时，应定时分析废气含水量。根据水分情况决定各恒温期的长短。

（5）烘炉时，应严密注视炉壳膨胀情况，避免损坏设备。

（6）烘炉开始应采用木柴或焦炉煤气引燃，预防煤气爆炸。

（7）装有陶瓷燃烧器的热风炉烘炉，为保证炉顶温度稳定上升，烘炉初期可采用炉外燃烧的废气进行烘烤，或采用煤气盘用焦炉煤气烘烤。

4-123 高铝砖、黏土砖砌筑的热风炉烘炉有什么特点？

由于高铝砖、黏土砖，在升温过程中，体积稳定性较好，也没有较大的晶格转变，所以它们的烘炉特点是：

（1）烘炉时间短、速度快，一般只需6~7天。

（2）可以直接用高炉煤气（或焦炉煤气）烘炉。

（3）新建或者大修的热风炉，初期炉顶温度不应超过100℃，以后炉顶温度每个班（8h）升30℃，达到300℃恒温3~5个班，然后再以每班50℃的速度升温至600℃，在600℃恒温3~4个班，然后再以100℃每班的升温速度烘到900℃，之后就可以烘高炉了。

4-124 硅砖热风炉的烘炉特点是什么？

（1）升温速度必须和硅砖膨胀相适应，膨胀率大时升温速度必须慢，使其线膨胀稳定在一个适应的范围内。

（2）在700℃以前必须缓慢而平稳。在350℃前硅砖随着晶格变化体积变化最大更需谨慎，在573℃前都存在晶格变化体积变化较大，600℃以前切忌反复加热，也不允许火焰与硅砖砌体直接接触。

（3）要严格按烘炉曲线进行升温，温度偏差控制在-2~+5℃为宜。

（4）要兼顾硅砖与高铝砖交界面的温度，特别是在低温膨胀期，必须使其在一定温度范围内同步升高。

（5）要注意控制废气温度，由于硅砖烘炉时间长，所以必须采取小的废气量，以保持烘炉终了时废气温度不大于 350℃。

4-125　某钢厂 1050m³ 高炉硅砖热风炉的烘炉计划是什么？

开始以 3～4℃每班升温到 100℃，后以 6～7℃每班的升温速度到 200℃恒温 2 天，后以 7～8℃每班的升温速度到 350℃恒温 3 天，再以每班 20℃升温速度到 700℃恒温 4 天，后以 30～35℃每班升到 900℃再以每班 100℃升温速度到烘炉结束。

4-126　某钢厂高炉 1250m³ 改进型顶燃式硅砖热风炉的烘炉计划是什么？

小于 100℃ 前以 2℃/h 用时 34h，恒温 100h；顶温 100～300℃，以 0.5℃/h 升温速度，用时 400h；300～400℃ 以 1.5℃/h 升温，用时 66h；400～700℃ 以 4℃/h 升温，用时 75h；700～900℃ 以 8℃/h 升温，用时 25h；900～1300℃，以 7℃/h 升温，用时 60h。共计用时 760h 完成烘炉，如图 4-1 所示。经过热风炉 5 年的使用情况看，各方面都很好，说明烘炉是成功的。

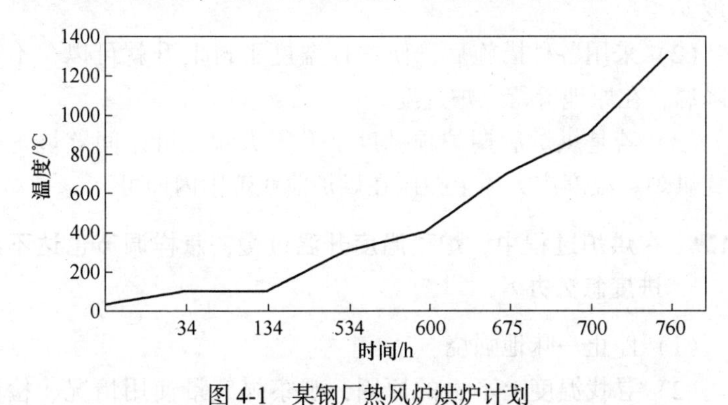

图 4-1　某钢厂热风炉烘炉计划

4-127　硅砖热风炉烘炉曲线中各个恒温阶段的作用是什么？

硅砖热风炉的烘炉曲线是最复杂的一种曲线，烘炉曲线中各个恒温阶段的作用如下：

（1）在200℃保温2天，目的是排除砌体中的机械附着水分；同时也兼顾了γ-鳞石英向β-鳞石英转变，继而向α-鳞石英的转化时的体积变化。

（2）在350℃保温3天，有利于继续排除砌体深度上的水分。此外，在这个温度附近砖中存在β-方石英向α-方石英转化可能，必然伴随有较大的体积膨胀；保温时间长，可以减少砌体厚度方向的温度差，避免砌体受力过大而损坏。

（3）在700℃保温4天，以适应砖中残存β-石英向α石英转化的可能。同时，也使远离高温面的砖体中结晶水析出，以及SiO_2完成晶型转化。

硅砖在600℃以下，体积膨胀率较大，所以低温阶段升温速度尽可能缓慢些。700℃以上的高温阶段，可适当加快升温速度。

4-128 在烘炉过程中，发生突然升温太快怎样处理？

（1）立即采用减少煤气量或增加空气量的办法控制升温速度。

（2）采用各种措施后，使炉顶温度不再上升就可以，不需要降温，在原地等待烘炉进度。

（3）若是烘炉后期炉顶温度上升得太快，可用间歇烧炉的方式烘炉。温度应大体上控制在烘炉曲线范围内即可。

4-129 在烘炉过程中，炉顶温度升温过慢，怎样调节也达不到进度怎么办？

（1）停止一味地强烧。

（2）寻找温度上不去的原因，观察煤气量使用情况、检测设备是否准确。

（3）待原因查清后，再按烘炉曲线升温。

4-130 在烘炉过程中，自动灭火怎样处理？

自动灭火的处理方法有：

（1）立即关闭煤气阀门，待炉内煤气处理干净后，重新点火。

（2）如点不着火要查找原因，主要从两方面进行：一方面是燃烧产物能否及时排出，如烟道有积水（指地下烟道），有将积水抽净即可；烟道温度低，无抽力，烘炉初期烟囱抽力小，可启动助燃风机，吹3~5min，使烟道中的气体流动起来，也可在烘炉以前烘一下烟囱。另一方面是空气煤气比例不合适，加以调整；若是烘炉后期灭火，主要是烟囱高度不够，抽力不足；或是两高炉共用一座烟囱，互相影响所致，可采用强迫燃烧烘炉。若炉顶温度上升得太快，可用间歇烧炉的方式烘炉，温度应大体上控制在烘炉曲线范围内。

4-131　烘炉过程中，灭火一时点不起来怎样处理？

用煤气烘炉灭火，一时点不起来要做好保温工作，特别是硅砖热风炉，在350℃左右时灭火，要及时关助燃空气，防止硅砖降温过快。

4-132　在烘炉过程中，突然出现煤气中断或助燃空气中断，怎样处理？

（1）立即将热风炉各阀门关闭，只开废气阀保温。

（2）故障排除后再恢复烘炉。

4-133　燃烧室过凉点炉点不着应采取哪些措施？

（1）转助燃风机，使烟道气流畅通。

（2）点自燃烘炉，然后再强制燃烧（这里指的是传统内燃式热风炉）。

（3）必要时，在烟道和烟囱根部的人孔处堆放木柴，浇上燃料油或火油并点火，增加烟囱的抽力。

（4）用引火棒点燃煤气或用焦炉煤气点燃高炉煤气。

（5）燃烧前先送风，再改为燃烧。

4-134 在烘炉过程中突然停水如何处理？

处理方法为：

（1）温度较低阶段（400℃以下），可以无水烘炉。

（2）如果是突发供水故障，根据炉顶温度情况，烘炉初期无水烘炉，烘炉中期、后期可采用临时水源供水，无临时水源，应关闭热风阀的进水阀门，来水时要间断给水缓慢通水冷却。

（3）烘炉原地恒温，待查清停水原因且烘炉恢复正常后，再按烘炉曲线升温。

4-135 高炉开炉时为什么距高炉最远的热风炉送风温最低，怎样提高？

“一字形”排列的热风炉距高炉最远的送风温度低的主要原因是：

（1）热风总管的距离最长，散发热量最多。

（2）烘高炉阶段该炉送风时间不够长，蓄积的低温热能多，导致烧炉时废气温度上升快，高温热量蓄积少。提高该炉送风温度的方法有：

1）烘高炉时相对延长距高炉最远热风炉的送风时间，保证高炉烘好的同时烘好热风总管。

2）烘高炉阶段尽量降低距高炉最远热风炉的废气温度，延长高炉开炉时该热风炉的燃烧时间，增加高温热能储蓄。

3）该炉送风完毕时不立即改为燃烧，保持小风量送风，防止废气温度上升过快，同时又起到对距高炉最远处热风总管的保温作用。

4）该炉送风要保持单送，使冷风紊流，提高传热效率。

4-136 什么是热风炉的保温？

热风炉的保温重点是硅砖热风炉的保温，是在高炉停炉或热风炉需要检修时，如何保持硅砖砌体温度不低于是600℃、而废气温度又不高于 400℃。

硅砖在 600℃以下体积稳定性不好，不能反复冷热，因此在高炉较长期休风停止使用硅砖热风炉时，要求保持热风炉硅砖不低于此温度。

4-137　热风炉为什么要进行保温？

热风炉保温主要是硅砖热风炉的保温，因为硅砖具有良好的高温性能和低温（600℃以下）的不稳定性。在 573℃之前都有晶格转变，体积变化很大，特别是 350℃之前更大。过去，硅砖热风炉一旦投入生产，就不能再降温到 600℃以下，否则会突然收缩，造成硅砖砌体的溃破和倒塌。目前，硅砖热风炉凉炉都有成功经验，但是凉炉与烘炉时间长，不能满足生产的需要，所以对硅砖热风炉要进行保温。

4-138　对硅砖热风炉保温有哪些成功经验？

根据停炉时间长短与检修的部位和设备，可采用不同的保温方法，某钢厂的实践经验有：

（1）高炉 6 天以内的休风，热风炉又有较多的检修项目，在休风前将热风炉烧热，将炉顶温度烧到允许的最高值即可。

（2）高炉 10 天以内的休风，热风炉没有什么检修项目，在高炉休风前将热风炉送凉，特别是要减少热风炉蓄热室中下部的蓄热量，保温期间炉顶温度低于 700℃就烧炉，可以保持 10 天废气温度不超过 400℃。

（3）如果是长时间（大于 10 天）的保温，则须采取炉顶温度低于 750℃就烧炉加热，废气温度高于 350℃就送风冷却，热风由热风总管经倒流管排放大气中，为了不使热风窜到高炉影响施工，可在高炉装吹管处加装盲板。

4-139　热风炉凉炉分为哪几种情况？

热风炉凉炉分为两种情况：高炉正常生产时，热风炉组中有一座热风炉的内部砌体需进行检修时的凉炉和热风炉组全部凉炉。

4-140 热风炉的大修、中修是怎样确定的（或怎样确定热风炉需凉炉）？

热风炉大修的依据是：

（1）热风炉的热效率降低25%以上，严重影响热风炉的风温、风量。

（2）热风炉各部位的耐火砖衬、炉箅子、支柱等严重损坏，炉壳裂缝漏风，导致热风炉不能安全生产。范围：更换全部格子砖、燃烧室拱顶和部分大墙，若整个大墙不能继续使用时，可结合大修更换全部砖衬。

热风炉中修的依据：

（1）蓄热室格子砖局部渣化、堵塞，拱顶局部损坏，燃烧室烧损严重。

（2）热风炉的燃烧效率显著降低。范围：更换蓄热室1/3左右的格子砖、拱顶和部分大墙与燃烧室等耐火砖。

4-141 高炉正常生产时，怎样对一座热风炉进行凉炉？

某钢厂凉炉的经验有：

（1）设1号热风炉为待修炉，在最后一次送风时，使其炉顶温度降至1000~1050℃，然后换炉，换炉后关闭混风阀，利用1号热风炉作为混风炉，其冷风阀当做风温调节阀，不许全闭。

（2）在1号炉作为混风炉过程中，其余两座热风炉轮流送风，经过3个周期后，将风温降至比正常风温低200℃（高炉相应减负荷），1号继续作为混风炉使用。

（3）当1号热风炉炉顶温度降至250℃时，停止作为混风炉，关闭其冷风阀、热风阀，开废气阀、烟道阀，然后启动助燃风机，继续强制凉炉。

（4）拱顶温度由250℃降到70℃后停助燃风机，凉炉完毕。

整个凉炉过程约需时 5~6 天。

4-142　高炉大修、中修热风炉全部凉炉的方法是什么？

某钢厂凉炉的经验如下：

（1）在高炉停炉过程中，尽量将热风炉送凉。在高炉允许的情况下尽量降低其炉顶温度和废气温度。

（2）用助燃风机强制凉炉，直至废气温度升高到允许的最高值，停助燃风机凉炉。

（3）打开炉顶人孔用其他高炉拨的冷风继续凉炉，或由通风机由箅子下人孔通风代替其他高炉拨风。被加热的冷风由炉顶人孔排入大气中。

（4）当热风炉炉顶温度不再下降与高炉冷风温度持平后，再开助燃风机强制凉炉，一直凉到炉顶温度低于 60℃ 为止。这种凉炉方法需时 8~9 天。

（5）用此法凉炉需注意：在整个凉炉过程中，烟道的废气温度不得高于规定值 350℃，以免将炉箅子、支柱烧坏；用高炉冷风凉炉时，风量不要过大，以免将炉顶人孔烧变形；在用助燃风机凉炉时，应注意鼓风马达的电流情况，如过大应关小吸风口的调风板，以免将鼓风马达烧坏。

4-143　简述某钢厂硅砖热风炉的快速凉炉法。

（1）采用的凉炉曲线基本上是烘炉曲线的倒置，只是速度加快了些，它炉顶温度 550℃ 以前是以 5℃/h 降温速度进行凉炉，以后以 2.5℃/h 降温速度进行凉炉，另外分别在 550℃、260℃、160℃ 各恒温 3 个班（每班 8h）。

（2）在高炉停炉空料线期间，热风炉不再烧炉，逐渐将炉顶温度由 1350℃ 降到 900℃。

（3）高炉停炉休风后，采用高炉送风的流程（注意热风阀不开），将其他高炉的冷风拨入热风炉，用陶瓷燃烧器上人孔排放。

（4）在凉炉期间要严格按凉炉曲线降温，可以用拨风量的大小和高炉放风阀的开度来控制凉炉的总进度；利用各热风炉的冷风阀的开度和排风口人孔盖的开启度来调节各座热风炉的降温速度。

（5）在拱顶温度按规定凉炉曲线不断降温时，要特别注意硅砖与黏土砖（或高铝砖）交界面的温度变化，如果与炉顶温度差值太大，可适当降低热风炉凉炉速度和增加恒温时间。

4-144 简述改进型顶燃式热风炉的凉炉方法。

（1）凉炉降温速度，炉顶温度550℃以前是以5℃/h降温速度进行凉炉，以后以2.5℃/h降温速度进行凉炉，另外分别在550℃、260℃、160℃各恒温3个班（每班8h）。

（2）准备好吹管弯头的法兰板（几只风口就准备几个）和倒流休风管的喷淋冷却设备。在助燃风机出口管与冷风管道上增加连接管，供凉炉用的风。

（3）在高炉停炉过程中，高炉允许的情况下尽量将热风炉的炉顶温度和废气温度降低。

（4）高炉休风卸下吹管后，在弯头处安装上法兰板，采用倒流休风原理对热风炉进行凉炉。

（5）接通助燃风到冷风管道。

（6）开倒流阀、热风炉的热风阀、冷风阀或冷风均压阀，用助燃风对热风炉进行凉炉。

（7）在凉炉时以转换区温度为准，炉顶温度作参考，严格按凉炉曲线降温，用助燃风机进口调节阀来控制凉炉的总进度。应注意鼓风马达的电流情况，如过大应关小吸风口的调风板，以免将鼓风马达烧坏。用各热风炉的冷风阀或冷风均压阀开度来控制各座热风炉的降温速度。

（8）注意倒流管的温度，过高时用水冷却；注意助燃风机鼓风马达的电流情况，如过大应关小进口阀门，以免烧坏鼓风马达，如果冷却风量过少，可同时启动备用风机，采用两个风机并联送风。

4-145　硅砖热风炉凉炉时硅砖的体积变化情况怎样？

在热风炉砌体降温过程中，硅砖的体积变化是考虑的关键。硅砖由鳞石英（50%～80%）、方石英（20%～30%）、石英（5%～10%）以及少量的玻璃相所组成。除玻璃相外，上述 3 种石英晶格转变时的体积变化不同。

由于硅砖各晶体间会随温度变化而发生可逆性的转变，决定了硅砖热风炉凉炉的可行性，硅砖热风炉凉炉时各温度段体积变化就是烘炉相对应的温度体积变化。温度在 573℃以下时，石英的 α、β 晶型转化时体积变化在 0.82%；温度在 180～270℃时，方石英的 α、β 间晶型转化时体积变化在 2.8%左右；温度在 117～163℃，鳞石英 α、β、γ 间晶格转变时体积变化在 0.2%～0.28%。由于硅砖相变时体积变化的特点，硅砖热风炉凉炉应与烘炉一样制定合适的凉炉降温曲线，在 600℃以上凉炉速度相对可快些，在 600℃以下要慢些，并要严格按凉炉曲线执行。

第5章 热风炉耐火材料

5-1 什么是耐火材料？

耐火材料是指能够承受1580℃以上的高温，并能抵抗高温下物理化学作用的无机非金属材料。

5-2 什么是黏土砖，什么是高铝砖，什么是硅砖，什么是矾土耐热混凝土，什么是磷酸盐耐火混凝土，什么是陶瓷纤维？

黏土砖是Al_2O_3质量分数在30%～48%范围内的耐火制品。热风炉用的黏土砖一般分为三级：一级，Al_2O_3质量分数不小于40%；二级，Al_2O_3质量分数不小于35%；三级，Al_2O_3质量分数不小于30%。黏土砖常用于热风炉下部的低温区和中温区，用于砌筑大墙、各旋口砖和格子砖。

高铝砖是Al_2O_3质量分数大于48%（国外规定46%）的硅酸铝质耐火制品。按Al_2O_3质量分数不同分为三级：Al_2O_3的质量分数在75%以上为一级，Al_2O_3的质量分数在60%～75%的为二级，Al_2O_3的质量分数在48%～60%的为三级。高铝砖常用于热风炉的高温部位，如热风炉上部格子砖、拱顶旋砖及大墙砌砖。

硅砖是SiO_2质量分数在93%以上的耐火制品。硅砖是以石英为主要原料，用结合剂在1350～1430℃高温下烧制而成。硅砖用于热风炉的高温区域拱顶和上部格子砖。硅砖在573℃以下都有晶格变化，体积随温度变化较大，投产后要求硅砖砌体的温度不低于600℃。

矾土耐热混凝土是以矾土水泥和低钙铝酸盐水泥等为胶接材料，耐火调料为骨料及掺和料制成的水硬性耐火混凝土。用矾土耐热混凝土预制块砌筑热风炉的燃烧室及陶瓷燃烧器，具有砖形简单、砌筑容易、施工进度快等特点，并且使用寿命长。但在砌筑时要注意成型、养护和烘烤等问题。

磷酸盐耐火混凝土是以磷酸盐为胶接材料，耐火熟料为骨料和掺和料制成的热硬性耐火混凝土，主要是加热后具有强度高、耐火度高、韧性好、耐磨性好和良好热稳定性等特点，但价格较高。常用来制作热风炉的陶瓷燃烧器（上部）的预制块。

陶瓷纤维是一种新型的轻质耐火材料。常用来填充热风炉砌体的空隙，可作为绝热层，也可用于炉壳的喷涂材料，它具有良好的隔热保温作用，兼有吸收砌体热膨胀的功能。其优点为质量轻、绝热性能好、热稳定性好、化学稳定性好、加工容易、施工方便；缺点是既不耐磨也不耐碰撞，不能抵抗高速气流的冲刷和熔渣的侵蚀。

5-3 格子砖通常用哪几个参数来表示热工特性?

（1）$1m^3$ 格子砖的加热面积。

（2）活面积（有效加热面积）。

（3）$1m^3$ 格子砖中砖所占的体积（填充系数）。

（4）格孔的流体直径。

（5）格子砖的当量厚度。

（6）$1m^3$ 格子砖的质量。

5-4 我国改革开放后，热风炉的耐火材料有了哪些方面的发展?

（1）低蠕变高铝砖的开发与研制。

（2）在热风炉炉壳内侧喷涂一层约 60mm 的陶瓷喷涂料。

（3）热风炉的开口部位，如人孔、热风出口、燃烧口等处是砌体上应力集中和容易破损的部位，这些部位广泛地使用组合砖，使各口都成为一个坚固的整体。

（4）广泛地开发了带有凹凸口的能上下左右咬合的异形砖，达到了相邻之间自锁互锁作用，增强了砌体的整体性和结构强度。

（5）用耐火球代替格子砖的球式热风炉，在中、小高炉得到广泛的应用。

5-5 热风炉炉壳内的陶瓷喷涂层有哪些作用？

热风炉炉壳内的陶瓷喷涂层的作用有保护钢壳、绝热、抗晶间腐蚀（高温部位）。

5-6 热风炉各部位所用耐火材料的选择依据是什么？

耐火材料的选择依据是以其所在位置的加热面温度为准，并能在承受载荷的条件下，长期稳定的工作。

5-7 简述当前我国热风炉的耐火砌体从高温区到低温区的基本结构。

耐火砌体的结构基本有两种：

（1）第一种结构：硅砖—低蠕变高铝砖（中档）—高铝砖—黏土砖。

（2）第二种结构：低蠕变高铝砖（高档）—低蠕变高铝砖（中档）—高铝砖—黏土砖。

这两种结构以第一种为好，因为硅砖具有很好的抗高温蠕变性能和高温下的热稳定性，而且价格又便宜。

某钢厂 1250m^3 高炉改进型顶燃式热风炉结构是硅砖—黏土砖，从 7 年的生产情况看效果也很好。

5-8 热风炉常用的耐火材料有哪些？

热风炉常用的耐火材料按用途可分为大墙砖、格子砖、拱顶砖、热风管道砖以及保温用的轻质砖、陶瓷纤维、矾土耐热混凝土和磷酸盐耐火混凝土等，品种有黏土砖、高铝砖、硅砖和低蠕变砖。

（1）黏土砖抗热震性好，导热率低，热膨胀曲线为直线。一般用于热风炉中下部的低温区和中温区，即不大于 1000℃，主要是砌筑大墙、各旋口砖和格子砖。

（2）高铝砖相对密度大，机械强度高，有较好的耐磨性，常用于热风炉上部格子砖、拱顶旋砖及大墙，即用于热风炉的高温部位。

（3）硅砖属于酸性耐火材料，只能用于高温区，它具有良好抵抗酸性渣侵蚀的能力。在573℃前有相变点，体积会发生较大的变化，因此，在烘炉的初期必须注意缓慢升温。600℃以上没有晶形转变，线膨胀系数小，体积变化小。

（4）轻质黏土砖用于热风炉的各部的绝热层，作绝热材料。

（5）轻质高铝砖也是一种高温绝热材料，用于热风炉上部大墙和拱顶绝热。

（6）硅藻土砖常用于热风炉的中下部，作绝热填料。

（7）矾土耐热混凝土。矾土耐热混凝土预制块，常用做热风炉的燃烧室形状不规则的砌体，也用于陶瓷燃烧器下部砌体，具有砖形能够满足设计要求、砌筑容易、施工进度快、使用寿命长等特点。但在砌筑时要控制好砌缝，烘烤时注意升温速度。

（8）磷酸盐耐火混凝土。其主要特点是加热后强度高，耐火度高，韧性好，热稳定性良好和耐磨，常用来制作热风炉的陶瓷燃烧器下部的预制块。

（9）陶瓷纤维质量轻，绝热性能好，热稳定性好，化学稳定性好，加工容易，施工方便。

5-9　热风炉对耐火材料的性能有哪些要求？

（1）耐火度要高。

（2）高温结构强度要大，荷重软化点要高。

（3）热稳定性要好，当温度急剧变化时不致破裂和剥落抗热振性好。

（4）具有良好的抗高温蠕变性。

（5）抗渣性能强。

（6）有一定的高温体积稳定性。

（7）外形尺寸规整、公差小。

5-10 热风炉耐火材料的热学性能包括哪些内容?

热风炉耐火材料的热学性能包括耐火度、热膨胀性、高温体积稳定性、烧后线变化率、热容和导热系数等。

(1) 耐火度。耐火材料在无荷重时，抵抗高温作用而不软化的性质，也有解释为耐火材料承受高温而不熔化的性能。耐火度以材料开始软化并失去自己形状时的温度来表示，是指材料在高温下抵抗熔化的性能指标。

(2) 热膨胀性。耐火材料的长度和体积随温度升高而增大的性质。

(3) 高温体积稳定性。耐火材料在高温状态下的外形体积保持稳定的性能。

(4) 烧后线变化率。不定形和不烧耐火制品被加热至一定温度并保持一定时间后，冷却至初始温度时的线膨胀或收缩百分率。

(5) 热容。单位质量耐火材料的温度在常压下升高1℃所需的热量。

(6) 导热系数。当某种耐火材料厚度为1m时，材料两面温差为1℃，在与热流方向垂直的$1m^2$面积上，每秒内通过的热量。它反映耐火材料的传热能力。影响导热性能的主要因素有气孔率和温度。

5-11 耐火材料的力学性能包括哪些内容?

耐火材料的力学性能主要包括荷重软化温度、高温蠕变、耐火材料的热震稳定性。

(1) 荷重软化温度。耐火材料在高温和恒定荷重作用下产生不同程度变形量的对应温度。

(2) 高温蠕变。耐火材料在高温下承受低于其临界强度的恒定力长期作用下，将产生变形，且变形量随时间的延续而不断增大，这种现象称为蠕变。蠕变是选用热风炉高温区域耐火材料的重要指标。

（3）耐火材料的热震稳定性。耐火材料抵抗温度的急剧变化而不破坏的性能称为热震稳定性。热风炉陶瓷燃烧器使用的耐火材料对热震稳定性有较高的要求，一般要求水冷实验，急冷急热次数大于 70 次。

5-12　什么是耐火材料的抗渣性？

耐火材料在高温下抵抗炉渣侵蚀作用而不被损坏的能力称为耐火材料的抗渣性，也称为耐火材料的化学稳定性。

5-13　什么是耐火材料的气孔率和体积密度？

气孔率是指耐火制品中气孔的体积与制品体积的百分比。体积密度是指单位体积（包括气孔）材料的质量。

5-14　蓄热室的蓄热能力主要取决于什么？

蓄热室的蓄热能力取决于格子砖的几何尺寸和砖形、格子砖的气体力学特性、耐火材料的导热性能、热容量和密度。

5-15　简述热风炉蓄热室的结构和作用。

蓄热室是由格子砖砌筑或由耐火球堆积而成，是热风炉进行热交换的主要场所。

5-16　怎样选择热风炉格子砖砖形，对格子砖有哪些要求？

常用的格子砖有板片、波纹、5 孔、7 孔、19 孔等形式，对格子砖的要求有：

（1）要有较大的加热面积来进行热交换。

（2）要有和加热面积相适应的砖质量来保证蓄热量，减少送风周期的风温波动。

（3）格孔应尽可能地引起气流扰动保持较高的流速，以提高传热效率。

（4）格子砖要有足够的建筑稳定性。

（5）根据煤气的除尘情况确定格孔。含尘量大于 10mg/m^3 不能采用过小的格孔砖；含尘量小于 10mg/m^{3}时可采用 5 孔砖、7 孔砖，这种砖形结构稳定性好，受热面积大，是高温热风炉常用的砖形；像改进型顶燃式热风炉的 19 孔格子砖，煤气含尘量一般小于 5mg/m^3。

5-17 选择格子砖格孔大小的主要依据是什么？

选择格子砖格孔大小主要取决于燃烧所用的煤气净化程度，煤气含尘量较高时使用小格孔易将格孔堵塞，不易清灰，同时，也要考虑蓄热面积、鼓风机能力等因素。

5-18 怎样选择热风炉的蓄热面积？

蓄热面积是热风炉的主要参数，用每立方米高炉容积的蓄热面积表示，这个值越高，说明热风炉的蓄热能力越大，允许缩小风温与热风炉拱顶的温度差，从而向高炉提供更高的风温。现在强化冶炼，加热风量增加很多，应采取单炉送风的条件下一座热风炉加热 1m^3/min 鼓风所拥有的蓄热面积作为热风炉的加热能力，我国取得 1150~1200℃的风温，这一指标要达到 11~13m^2/(座 · m^3/min)，即一座热风炉每分钟加热 1m^{3}鼓风所拥有的蓄热面积，今后用小格孔砖来增大热风炉蓄热面积，7 孔 ϕ43 改为 19 孔 ϕ30 的砖，蓄热面积增加 26%，这将使热风炉的热效率提高，获得更接近于拱顶温度的高风温。

5-19 热风炉内衬合理砌筑结构是怎样的？

高温热风炉内衬结构的显著特点是合理的膨胀缝和滑动缝使用结构。膨胀缝吸收耐火材料的膨胀位移；滑动缝可使耐火砌体局部或整体移动不受约束。膨胀缝和滑动缝的设置，部位要准确，结构要合理，作用要可靠，而且不影响砌体的密封性。耐火材料的子母扣的相互锁紧结构是加强内衬整体稳定性的重要措施。各孔口采用组合砖砌筑，加强砌体整体稳定性和密封性，消除内衬开裂和塌落现象。格子砖采用错砌，每块格子砖上设有子母扣，保证格子砖准确定位，根据热风炉各部位的工作温度、结构、受力情况及化学侵蚀等特点，分别选用不同性能的耐火材料，这是一条重要原则。硅砖使用温度不得低于 700℃。

5-20　简述蓄热面积与蓄热能力的关系。

蓄热面积是热风炉的主要参数，用每立方米高炉容积的蓄热面积表示，这个值越高，说明热风炉的蓄热能力越大，允许缩小风温与热风炉拱顶的温度差，从而向高炉提供更高的风温。目前热风炉蓄热面积一般为 $70 \sim 90m^2/m^3$。在现代高风温热风炉上，这个数值偏小了，因为现在高炉强化冶炼，加热的风量增加很多，所以今后采用在单位送风的条件下一座热风炉每分钟加热 $1m^3$ 鼓风所拥有的蓄热面积作为指标来判断热风炉的加热能力。

5-21　硅砖热风炉日常维护中要注意哪些问题？

（1）在更换阀门时，应尽量缩短各口的敞开时间，防止硅砖砌体温度的大幅度降低。

（2）要经常检查热风炉的燃烧情况，严禁出现助燃风机空转现象。

（3）换炉过程中，要严防大量的冷空气抽入炉顶。

（4）使用硅砖热风炉的高炉，应设倒流休风装置；高炉休风时，禁止热风炉倒流。

（5）高炉长时间的停产，应视情况采取必要的保温措施。

（6）热风阀漏水要及时控制水压、水量，注意及时从热风阀底排水，禁止把水流到热风炉内，利用高炉停风机会进行更换。

5-22　在热风炉的高温部位开孔要注意什么？

在高温部位的开孔都要注意尽量缩短敞开时间，减少冷风的抽入，否则会影响耐火材料使用寿命，如更换热风阀、助燃空气闸阀、煤气燃烧阀等。

第6章 热风炉设备

6-1 高炉炼铁用的鼓风机有哪几种？

高炉炼铁用的鼓风机有旋转式风机、离心式风机和轴流式风机三种。

6-2 高炉炼铁对鼓风机的主要要求有哪些？

现在常用的鼓风机为多级离心式和轴流式风机两种，要求有：

（1）要有足够的风量，能满足高炉强化冶炼的要求，常用*Q/V*（风量与高炉容积的比）来判断供风能力大小，一般大型高炉比值为2.5~3.0，中型高炉为2.8~4，小型高炉为4~5。比值大会造成动力浪费，好比大马拉小车。

（2）要有足够的风压。

（3）要有一定的风量和风压的调节范围。

（4）尽可能选择额定效率高、高效区较广的鼓风机，以使鼓风机全年有尽可能长的时间为经济运行，在这一点上，轴流式风机优于多级离心式风机。

6-3 简述旋转式风机的结构。

旋转式风机也称罗茨风机，罗茨风机（卧式）是由机体（左右墙板与机壳）和一对同形的反向旋转的转子组成。一个转子固定在主动轴上，外力经同步齿轮转动装置使从动轴上的另一转子做旋转运动，两转子之间及转子与机壳之间有微小间隙，使转子能自由旋转，左转子作逆时针旋转时右边转子做顺时针旋转，气体自上边吸入，从下部排出，达到压送气体的目的。罗茨风机的气体是在容积不变的情况下升高压力的，即只要转子转动，总有一定体积的气体排到出风口，也有一定体积的气体被吸入。风量调节的办法只能采用高压空气部分对空放散，或者引流至低压管，严禁用关闭进出口办法调节风量，否则会引起风压不断升高而引发机械故障。

6-4　离心式鼓风机有何特点？

离心式鼓风机是靠装有叶片的工作叶轮旋转产生的离心力使空气的速度提高获得动能，当空气进入风机和环形空间扩散器内时空气的部分动能转为压力能，在导向叶片的作用下空气流向下一级叶轮，经过多级动力，空气具有一定的压力能和动能，离开风机送往高炉。风机的风量与转速成正比，风压与转速平方成正比。因此，调整风机的转速可以获得不同的风压和风量，效率在80%左右。

6-5　轴流式风机有何特点？

轴流式风机是因吸入口和排出气流的前进方向与风机转动轴方向一致而得名的，它改变了离心式风机气流前进的方向与叶轮内动力方向垂直状态，使气流在风机内转折很多，从而解决了离心机的效率问题。空气吸入轴流风机，在叶片连续旋转推动下速度加快，从而获得动能和压力能，风机的静叶片是可调的，使风量的变动范围扩大，提高了风机的稳定性，效率在90%左右。

6-6　提高鼓风机出力的途径有哪些？

对于已建成的高炉，因生产条件的改变，感到鼓风机的能力不足或者新建高炉缺少配套鼓风机，都要采取措施，提高现有鼓风机的出力，满足高炉生产的需求。提高鼓风机出力的措施有：

（1）改造现有鼓风机本身的性能，如改变驱动力、提高转子的转速、改变叶片尺寸等。

（2）改变吸风参数，如鼓风机风口喷水、鼓风机串联或并联等。通常的办法是同性能的风机串联或并联使用。串联是为了提高风压；并联后风压原则上不变，风量叠加。

6-7　鼓风机分为哪几类？

鼓风机分为两类：一类是定容风机（旋转式风机）；另一类是定压风机。热风炉常用的是定压风机（离心式和轴流式），不同工况下风压变化不大，风量变化大。

6-8　热风炉燃烧用的助燃空气一般用什么风机提供，其工作原理是什么？

热风炉燃烧用助燃空气一般是用离心式鼓风机提供的。其工作原理是：当电动机带动转子高速旋转时，工作叶轮内的气体由于离心力的作用，从转子的中心抛向转子的外缘，在这一过程中，气体获得了能量，转变成了静压能和动能。气体离开工作轮进入机壳后，由于通道变宽、流速降低，使部分动能转变成压力能，于是空气以较高的压力进入助燃空气管道。当气体不断从叶轮中抛出，鼓风机就从叶轮进风口将进风管中的空气源源不断地吸入工作轮。这样鼓风机就连续不断地提供助燃空气，目前助燃风机进口一般都装有过滤网，对空气进行过滤。

6-9　离心式鼓风机的风压、风量、功率与转数有什么关系？

风量与轴转数一次方成正比，风压与轴转数二次方成正比，而功率与轴转数三次方成正比。

6-10　热风炉助燃风机如何调试？

首先检验电动机运转是否正常，然后带动鼓风机试运转。具体步骤为：

（1）检查风机及其附属设备安装是否符合标准，确认试车条件是否具备。

（2）确认风机进出口阀和风机放散阀开关是否灵活好用。

（3）手动盘动电机，检查是否有划卡扇叶现象。

（4）先使电机连续转2h，然后再调试风机。

（5）按照顺序启动风机、打开助燃风机空气管道放散阀、关闭吸风口阀门、微开出口阀门，与配电部门联系，得到允许后启动风机。

（6）检查风机运行状况是否正常，包括振动情况、异音、温度。

（7）检查电机工作、电流、电压。风机运行应持续4h，观察其运行情况。

6-11　助燃风机怎样开机？

助燃风机的开机操作如下：

（1）检查轴承架不能亏油，冷却水保持畅通，吸风口的阀门和放散阀开关灵活，手动盘车正常。

（2）关闭吸风口阀门，微开出口阀门，开空气总管放散阀。

（3）与配电部门联系，得到允许后启动风机。

（4）风机启动正常后（电流下降，无异常声音）即可开风机后阀门，根据需要开风机前的阀门，关放散阀，进行使用。

6-12　什么是零（无负荷）启动，有什么好处？

零启动就是风机在无负荷的情况下启动，减小启动功率，从而减小电机的启动电流，达到保护电机的目的。但零启动时间不宜过长，因为在全运转时，会产生飞速冲击振动，所以当风机转速达到所需要求时应立即打开出口阀门。

6-13　怎样停助燃风机？

（1）通知配电部门准备停风机。

（2）将燃烧炉全部停烧。

（3）开放散阀，关小吸风口阀门。

（4）关闭风机切断阀。

（5）停助燃风机。

6-14 助燃风机产生喘振的原因是什么？

助燃风机喘振一般发生在集中供风热风炉，原因主要是热风炉燃烧用的助燃空气过小，鼓风机后的助燃空气管道内的压力就增加，当助燃空气管道内压力大于鼓风机所产生的压力时，助燃空气倒流到鼓风机，随着助燃空气管道内压力降低，当管道内压力低于鼓风机所产生的压力时，鼓风机又重新向助燃空气管道输送空气，这样往复进行着就产生了风机的喘振。

6-15 助燃风机产生喘振时有哪些表现？

当助燃风机出现喘振时，由于气流的往复振荡，使助燃风机产生振动，并且产生的噪声在现场就可以听到，助燃空气压力和电机电流将在大范围内摆动。

6-16 助燃风机产生喘振会产生什么后果？

助燃风机产生喘振的后果是：不仅使助燃风机和电机工作不稳定，而且会使机器部件损坏。因此要防止产生喘振。

6-17 防止助燃风机喘振的方法有哪些？

防止喘振的方法有：

（1）在热风炉换炉时及时调整助燃风机的进口阀门开的位置，不要使助燃空气产生高压。

（2）热风炉小烧时，必须严格控制助燃空气压力，不要超过规定值。

（3）产生喘振时，应立即开助燃空气管道上的放散阀或关小助燃风机的进口阀门，是变频调速风机及时调节电机频率进行调速。

6-18 热风炉的管道与阀门有哪些要求？

热风炉的管道与阀门必须有良好的密封性、工作可靠性，能够承受高温及高压；设备结构应尽量简单，便于检修，方便操作；阀门的启闭、传动装置均应设有手动操作机构，易于实现自动化，启闭速度应能满足工艺的要求。

6-19　热风炉系统有哪些管道？

一般可从送风与燃烧两方面考虑，涉及送风的管道有冷风管道、热风管道、混风管道、冷风均压管道、倒流休风管道；涉及烧炉的管道有煤气管道、煤气放散管道、助燃空气管道、烟道管道、废气管道；另外还有冷却水管道等。

6-20　热风炉用的阀门按构造形式可分为哪几类？

热风炉用的阀门可分为闸式阀、盘式阀和蝶式阀三种基本类型。

（1）闸式阀。闸板开关方向与气体流动方向垂直，构造较复杂，但密封性好。由于气流经过闸式阀门时气流方向不变，故阻力最小。其适用于洁净气体的切断。通常热风阀、冷风阀、燃烧阀、煤气阀、烟道阀和废气阀等均为闸式阀。

（2）盘式阀。阀盘开闭的方向与气流运动方向平行，构造比较简单；多用于切断含尘气体，密封性差，气流经过阀门方向转 90°，阻力较大。通常放散阀、烟道阀为盘式阀。

（3）蝶式阀。中间有轴，轴上有翻板，可以自由旋转翻动（有的在 90°范围内、有的在 180°范围内）；通过转角的大小来调节流量。蝶式阀调节灵活、准确，但密封性差；由于翻板就在气流中，气流会产生涡漩，故阻力最大，不能用于切断。通常空气调节阀、煤气调节阀、混风调节阀、有的热风炉用的冷风调节阀等均为蝶式阀。

6-21　煤气调节阀的作用是什么？

煤气调节阀安装在煤气支管上煤气切断阀的前面，用于调节热风炉燃烧所需的煤气量。

6-22 空气调节阀的作用是什么？

空气调节阀安装在助燃空气管道的支管上助燃空气闸阀前，用于调节热风炉燃烧所需的助燃空气量。

6-23 燃烧阀安装在什么位置，作用是什么？

燃烧阀，有的也叫一煤切，是安装在煤气支管上与热风炉相连接的阀。其作用是燃烧时将煤气送入燃烧器进行燃烧，送风时切断煤气管道和热风炉的联系。

6-24 煤气放散阀安装在什么位置，作用是什么？

煤气放散阀安装在煤气支管上，煤气燃烧阀与煤气切断阀之间，与燃烧阀连锁，燃烧时关闭，送风时打开。作用是送风时打开防止热风与煤气混合发生爆炸事故，另外也可用于煤气支管与设备检修时吹扫支管的煤气。

6-25 烟道阀安装在什么位置，作用是什么？

烟道阀的位置在热风炉烟道总管连接的烟道短管上，作用是热风炉在燃烧时将废气排入烟道；送风时关闭烟道阀，以切断热风炉与烟道的通路，如高炉放风阀损坏用热风炉放风时也用烟道阀放风，高炉停风如有煤气倒灌到冷风管道内可通过烟道阀由烟囱抽走。

6-26 大中型高炉热风炉安装两个烟道阀有什么好处？

安装两个烟道阀可以使格子砖断面上气流分布均匀；在废气量大时，烟道阀和开孔的直径不致过大，以保证炉壳强度，便于制造、安装和操作维护。

6-27 放风阀安装在什么位置，有什么作用？

放风阀安装在从鼓风机来的冷风管道上。作用是在鼓风机运转的情况下，可减少或完全停止向高炉供风。

6-28 混风阀安装在什么位置，作用是什么？

混风阀安装在冷风总管与热风总管之间的混风管上。其由混风调节阀和混风大闸组成，作用是向热风总管送入一定量的冷风，以保持热风温度稳定；调节阀是为调节掺入的冷风量；混风大闸是防止冷风管道内风压降低时，热风或高炉煤气进入冷风管道。另外如果热风炉发生误操作与设备故障发生高炉断风时，可作紧急复风用，因此正常生产时，冷风大闸一般不关闭，一旦出现断风就可采取全开混风调节阀进行复风的应急处理。

6-29 废气阀安装在什么位置，作用有哪些？

废气阀的位置与烟道阀相同，是与烟道阀并联安装的阀。其作用有：

（1）当热风炉从送风转为燃烧时，炉内充满高压废气，而烟道阀后面是负压，此时烟道阀的两侧压差很大，必须用另一小阀将高压废气旁通引入烟道，降低炉内压力，即均衡烟道阀两侧的压力作用。

（2）可用于紧急放风，当高炉需要放风，但放风阀失灵或另外原因无法进行放风操作时，可通过废气阀进行放风。

（3）用交叉并联送风的高炉热风炉（有4座热风炉的高炉），如将每座热风炉的废气阀后的管子连接到一根总管上，再装一个废气总阀，这样就还能起到燃烧转送风时的均压作用，减少换炉时的冷风压力波动。

6-30 冷风阀安装在什么位置，作用是什么？

冷风阀安装在冷风总管与热风炉间的冷风短管上，是冷风进入热风炉的闸门。其作用是送风时打开冷风阀，将鼓风机送来的冷风送入热风炉；燃烧时关闭冷风阀，切断冷风，使热风炉与冷风隔开。另外，当由于某种原因有煤气进入冷风管道时，可通过冷风阀、烟道阀、烟囱把煤气引入大气中。

6-31 冷风均压阀安装在什么位置，作用是什么？

冷风均压阀安装在冷风总管与热风炉间的冷风短管上，是与冷风阀并联安装的阀，有的热风炉没有这个阀，是用冷风阀上一个通风小门来代替。其作用是：当热风炉燃烧转为送风时，冷风管道内压力很高，而热风炉内没有压力，冷风阀两侧的压差很大，必须用另一个小阀将高压冷风引入热风炉内，使炉内压力与冷风管道内压差低于10kPa，也就是热风炉由燃烧改为送风时均衡冷风阀两侧的压力作用。

6-32 冷风调节阀安装在什么位置，作用是什么？

冷风调节阀安装在冷风总管与热风炉间的冷风短管上，装在冷风阀的前面。其作用是调节控制冷风通过该座热风炉冷风流量，达到控制风温目的。

6-33 热风阀安装在什么位置，作用是什么？

热风阀安装在热风出口与热风总管的短管上。其作用是热风炉燃烧时，隔断热风炉和热风总管；送风时打开热风阀将风送入热风总管。

6-34 新型高风温热风阀是怎样的？

新型高风温热风阀砌有耐火材料内衬，使热风与阀体隔开，阀体温度降低，变形相应减少，漏风也少，使用寿命长。另外，耐火材料隔热，减少了热量损失提高热效率。

6-35 热风炉的冷却水压力怎样计算？

确定热风炉冷却水压力的原则是：热风炉的水压必须大于热风阀最高位置冷却点的位能（压力0.05MPa），与此同时还必须大于热风压力。水压等于风压加（热风阀全开进出水管的高度减水压表高度）除以 10 再加上 0.05MPa（这是敞开式水压计算方法）。

6-36　新建热风炉怎样防止热风阀法兰跑风？

热风阀法兰处于高温、高压且变化大的地方，一旦跑风就很难根治，因此新建热风炉对热风阀法兰要特别注意做好以下工作：

（1）在热风炉烘炉期间，由于热膨胀的原因，热风阀的法兰螺栓会产生松动，每天（硅砖热风炉可 3 天）要对法兰螺栓进行紧固一次，直到烘炉结束为止。

（2）高炉开始送风后要勤检查，发现微漏要及时紧法兰螺栓。

（3）正常生产后也要多加检查，发现漏风及时做紧螺栓处理。热风阀法兰只有在生产初期确保不漏风，以后就基本上不发生跑风。

6-37　使用倒流休风管与倒流阀有什么优缺点？

使用倒流休风管与倒流阀的优点是结构简单，操作方便，倒流时间不受限制，对热风炉没有任何影响。但其缺点是：倒流管上下部没有温差，抽力小；倒流放散的残余煤气污染大气，还容易使人中毒；倒流温度过高时，可能将倒流管烧红，甚至损坏。

6-38　热风炉大修安装阀门时应注意什么？

（1）在安装前要对阀门进行严密性试压，其方法很多，较为方便的是拿点燃的蜡烛或很细的丝线，沿阀门的一周来回移动，火焰或丝线飘动说明漏风要处理。

（2）检查阀门开关是否与外部开关标志一致。

（3）要注意阀门的安装方向是否正确。

（4）闸阀要求阀杆应垂直地面安装；蝶阀轴要求保持水平安装，特殊情况需要斜安装时，应经过设计部门同意，但一般不超过 15°的偏斜。

（5）各阀门安装位置要考虑正常生产时检修的方便，如要有合理的检修平台。

6-39　热风炉各阀门安装的方向如何确定？

一般靠热风炉安装的阀门：与烧炉有关的阀门密封面（加工面）朝向管道（背靠热风炉）；与送风有关的阀门密封面朝热风炉。

6-40　某钢厂新建的高炉外燃式热风炉的煤气与空气调节阀相继出现卡死的原因是什么，怎样处理？

出现卡死的主要原因是这些调节阀都是中心轴蝶阀，蝶阀的轴没有水平安装，而是垂直安装，使用时间一长就都出现卡死现象。处理办法是按蝶阀的安装要求，改为水平安装。特殊情况需要斜安装时应征得设计部门同意，但一般不超过15°的倾斜。

6-41　高炉中修或大修热风炉和干法煤气除尘不参加中修或大修时应注意什么？

由于高炉中修、大修时间较长，要对热风炉、干法除尘设备进行定期运行维护和保养，发现故障及时处理，确保高炉开炉时，热风炉及干法设备能正常运行。

6-42　在热风炉管道上、热风炉与热风炉之间建造平台要注意什么？

在管道上建平台应注意：平台、栏杆在管道的膨胀器处要断开做活动连接，防止影响管道因热胀冷缩时膨胀器的正常伸缩；在热风炉间建造平台，走廊支撑横梁不能直接焊在热风炉炉壳上，否则会影响热风炉的受热膨胀，使热风炉壳凹进去，也要做成活节。

6-43　高炉各种管道的膨胀怎样处理？

高炉各种管道因介质温度与环境温度的变化会引起膨胀或收

缩，不妥善处理，将影响到高炉设备、生产、安全，且后果十分严重。处理的方法主要是在合适部位安装补偿器。补偿器的种类很多，高炉各管道主要使用不锈钢波纹补偿器。

6-44　热风短管处的波纹补偿器怎样装比较合理，高炉热风短管的补偿器拉杆牛腿为什么会发生全部拉裂？

热风短管上的补偿器应选用纵向、横向都能补偿的波纹补偿器，安装在热风炉与热风阀之间的热风短管上，热风阀的两端要设活动管架，不要使波纹管承受热风阀的重量。

高炉热风炉热风短管补偿器拉杆的牛腿拉裂的主要原因是：热风阀与波纹管连接段没有支撑管架，热风阀的重量全部靠波纹管来支撑，时间一长导致拉杆牛腿焊接处疲劳而裂开；其次波纹管的质量也有一定的问题，有的波纹管牛腿只焊了表面，中心没有焊透。

6-45　高炉煤气管道上专用补偿器制作和选择的要求有哪些？

（1）有足够的补偿能力。

（2）有利于煤气管道保持气密性，补偿器的安装尽量不增加煤气管道的泄漏点。

（3）不使气流产生较大的局部阻力损失。

（4）占有空间较少，便于共架铺设。

（5）使用寿命较长，能匹配煤气管道使用周期。

（6）维护简便，无需专用维护材料和设施。

（7）制造容易，适于商业化生产或自制。

（8）投资少，维护费用低。

6-46　煤气管道补偿器分为哪几类，其工作原理和优缺点是什么？

煤气管道补偿器分为弯管补偿器、填料补偿器、鼓形补偿器、波形（波纹）补偿器四类，热风炉主要用的是波纹补偿器。

（1）弯管补偿器。工作原理以其弹性变形补偿煤气管道的轴位移量。弯管补偿器有 ⊓ 形、Ω 形和弓形三种形式，这些补偿器主要用于直径较小的高热值煤气管道上。这种补偿器的优点是：

1）补偿能力大。

2）制作简单，可以就地施工。

3）与直管段对接，即可不增加管道泄漏点。

4）日常无需经常维护的人员，材料少、费用少、消耗低。

5）无需附属设备，投资省。

缺点是：

1）阻损较大。

2）外形尺寸大，占用空间面积多。

3）不适应于大直径管。

（2）填料补偿器。填料补偿器是在使用填料静密封条件下，吸收煤气管道的轴向位移。这种补偿器的优点是：

1）无弹性反力，固定支架承受推力极小。

2）外形尺寸小，便于管道共架布置。

3）制作、安装简便。

缺点是：工作时难以保持严密性，而且增加了煤气管道的泄漏点，需要经常维护调整，不适用于较高煤气压力的管道上。

（3）鼓形补偿器。鼓形补偿器是依靠每片鼓膜的弹性变形来吸收煤气管道的胀缩量。与填料补偿器比较，工作中一般不致漏煤气，外形尺寸较大，两端用法兰连接，工作中难以保证无泄漏，鼓片内需充满重质油，否则积水结冰将造成胀裂；鼓膜薄，与同材质的煤气管道匹配时使用寿命较短；日常维护需要设置人孔、操作平台和立梯等附属装置；不适合较高压力使用，加工制作量大不利于机械化商业化生产，目前基本上已经被淘汰。

（4）波形补偿器。作用原理同鼓形补偿器，而且是鼓形补偿器的换代产品，其主要特点是挤压成型可以商品化生产；对腐蚀性煤气采用耐腐蚀钢材制作；外形尺寸较小，共架布置紧凑；可以与煤气管道直接对焊，不增加管道泄漏点。波形补偿器是目前常用的补偿器。

6-47 补偿器怎样安装？

（1）为保证补偿煤气管道轴线上的位移顺利进行，补偿器前后应安设两个专用的活动管架，其间距一般在3~6m，以免自重产生弯曲影响导流筒的同心度。弯管补偿器的弯管中心部位还应增加支撑管架。

（2）煤气管道的直线段应根据支撑管架高度及其顶部的活动量（一般采用2.5%）来确定两固定点间最大距离，按公式确定：

$$L=0.025H/\Delta l$$

式中 L——最大间距，m；

H——支架高度，m；

Δl——膨胀收缩量，m。

（3）补偿器安装前应根据当地当时气温经预拉伸固定后才进行安装，在整体安装完毕后放开。

（4）根据两个固定点的间距计算补偿量，选择的补偿器能力不得少于补偿量的要求。补偿器应该设在两固定点中心位置，共架管道和煤气管道上的附加管道的补偿分段应与母管一致，以免相互干涉。

（5）补偿器的导流板应与气流顺向安装，如煤气管道设有坡度则顺排水方向安装。导流板必须与管道同心，安装前要认真检查四周间隙并清除杂物、焊渣等卡碰因素，确保伸缩无阻。

6-48 新建或大修热风炉砌筑大墙用哪种方法比较好？

砌筑大墙有多种方法，从本人经历多次大修所做的砌砖质量监督工作和热风炉的使用情况看，以热风炉炉壳为导面的砌筑方法比较好，它靠炉壳向内砌（先砌最外层的保温砌体、最后砌耐火砖），这样能够保证保温砖砖缝和环缝泥浆饱满，且容易控制好砖缝的大小，检查方便、直观，避免了以热风炉中心为导向。先砌耐火砖、再砌保温砖时，容易发生保温砖砖缝难控制、泥浆不饱满、垃圾杂物不易清除、砌筑质量难保证等弊端，某钢厂 1250m^{3}高炉热风炉就是用这种方法砌筑，投产使用 6 年后，热风炉的炉壳温度还没有超出 100℃。

6-49 现代热风炉在建造方面有什么特点？

现代热风炉在建造方面的特点是波纹补偿器的合理使用、砌砖的滑动缝与膨胀缝合理使用以及组合砖与带子母扣砖（凹凸砖）的使用，大大增加了热风炉的稳定性和寿命。

6-50 烟道管道或烟道阀漏气为什么要及时修复？

由于烟道管道漏气不会影响送风，所以不加以重视，不及时修复，这是很危险的。因为烟道与烟囱直接连通，具有一定的负压，如有漏气点，就会把一部分空气抽进去，这样如果碰到燃烧炉煤气燃烧不完善或没有燃烧的煤气，就会形成爆炸性气体，容易造成爆炸事故。如把热风炉的烟道废气用于喷煤制粉的干燥气，会造成干燥气的含氧量超标引起煤粉爆炸。因此，烟道与烟道阀漏气要及时修复。

6-51 热风炉自动化包括哪些内容？

热风炉自动化包括：

（1）自动换炉。

（2）自动燃烧。

（3）自动风温调节。

（4）煤气热值自动调节。

（5）交叉并联自动控制。

（6）热风炉系统所有温度、压力、流量的检测、处理、打印、报表及报警。

第7章 热风炉电气、计算机与仪表

7-1 “三电”通常是指什么?

生产过程中，计算机控制系统、电气传动控制系统和仪表检测系统通常被称为“三电”。

7-2 什么是热风炉的热工参数?

热风炉的热工参数就是对热风炉的送风形式、炉顶温度、废气温度、燃烧强度等操作制度的合理规定。

7-3 热风炉热工仪表自动检测，按其检测对象可分为哪几种?

热风炉热工仪表自动检测可分为：

(1) 温度检测：炉顶温度、废气温度、热风温度、煤气温度、助燃空气温度。

(2) 压力检测：煤气压力、助燃空气压力、冷风压力、热风压力、冷却水压力、烟道阀前后的压差、冷风阀前后的压差、氮气吹扫压力的检测。

(3) 流量检测：燃气流量、助燃空气流量、冷风流量、顶燃式热风炉的氮气吹扫流量的检测。

(4) 废气含氧量检测，液位检测。

7-4 温度的测量仪表按其使用原理可分为哪几种，热风炉多采用的是哪种?

温度的测量仪表可分为膨胀式、压力式、热电偶、热电阻、辐射式等五种，热风炉多采用热电偶测温。

7-5 热电偶测温系统由哪些部分组成？

热电偶测温系统由热电偶、连接导线和显示仪表三部分组成。

7-6 热电偶的测温原理是什么？

热电偶的工作原理就是热电效应原理，是由两种不同的金属导体焊成的闭合回路中，当两焊接端的温度不同时，在其回路中就会产生电动势，这种现象叫做热电效应。实际使用中热电偶只焊接一端称为热端（工作端、测量端），另一端不焊接而接入测量仪表，称为冷端。

7-7 热电偶必须具备哪些条件才能产生热电势？

（1）热电偶必须是由两种不同性质、符合一定要求的导体组成。

（2）热电偶的热端与冷端之间必须有温差。在实际使用中还要求冷端的温度恒定。

7-8 热电偶有哪些特点？

热电偶之所以应用广泛，是因为它有如下特点：

（1）测量精确度高。

（2）结构简单，制造方便。

（3）动态响应快。

（4）可进行远距离测量。

（5）测温范围广。

7-9 热风炉常用的热电偶主要有哪几种，代号是什么，测量范围各是多少？

热风炉常用的热电偶有：

（1）铂铑—铂，代号 LB，测量范围为 800~1600℃。

（2）镍铬—镍硅，代号 EU，测量范围为 1000～1300℃以下的温度。

（3）镍铬—考铜，代号 EA，测量范围为 600～800℃以下的温度。

（4）铂铑—铂铑，代号 LL，是两种成分不同的铂铑合金做成的一种新型热电偶，可测高达 1800℃的温度，一般也称为双铂铑热电偶。

7-10　流量孔板的测量原理是什么？

在管道内插入一片与管道垂直并带有通常为圆孔的金属板，孔的中心位于管道的中心线上，这样构成的装置，称为孔板流量计，孔板称为节流元件。

当流体流过小孔后，由于惯性作用，流体截面并不立即扩大到与管截面相等，而是继续收缩一定距离后才扩大到整个截面，流动截面最小处称为缩脉。流体缩脉处的流速最高，即动能最大，而相应的静压强度就最低。因此，当流体以一定的流量流经小孔时，就产生一定的压强差，流量越大，所产生的压强差也就越大。所以是利用测量压强差的方法来测量流体的流量。

7-11　废气含氧量氧化锆测量仪的工作原理是什么？

氧化锆测氧仪的原理是：氧化锆是一种固体电解质，当材料两面有不同浓度的氧存在时，含氧高的一侧氧离子将通过电解质中的氧空穴向低浓度氧侧迁移，由于浓度差化学势的存在而导致浓度差电动势，根据电动势的大小即可测出含氧量。

7-12　什么是非常开关？

非常开关是不通过联锁关系的不正常操作开关，具有强制性，一般在以下情况时使用：

（1）高炉停风、停煤气时。

（2）热风炉状态变换时，有联锁关系阀的信号不正常，使变换不能继续进行时。

（3）有一马达发生故障时。

（4）挽救事故时。

7-13 具有联锁功能的热风炉为什么会自动关闭送风炉的冷风阀，造成高炉断风的严重事故？

热风炉在联锁期间，手动操作发出关冷风阀的指令，微机上一直保持着这个指令，没有复位，如碰到高炉只有这座热风炉在送风，又碰到需解锁，一解锁不手动操作关冷风阀，也就会自动关该阀，造成高炉断风的严重事故。解决办法是：

（1）在微机上设置一个自动恢复功能，如在15s内冷风阀、热风阀没有达到操作指令，就自动取消该指令。

（2）碰到需要解除联锁操作时，要先确认手动操作框中有没有发出关闭冷风阀或热风阀的指令，如有要先复位后才能解除联锁。

7-14 热风炉液压系统主要有哪些元部件？

热风炉液压系统元部件主要有油箱、油泵、单向阀、滤油器、蓄能器、氮气瓶、溢流阀、常闭式二位二通阀、三位四通换向阀、截流阀、液控单向阀、油缸或油马达、工作台以及与之配套的输油管和阀门。

（1）单向阀。这种阀只能使压力流体沿一个方向流动，也称为止回阀。

（2）换向阀。换向阀改变压力流体的流动方向，接通或关闭通路，以达到控制执行元件运动方向使热风炉工作阀门开、关、停的目的。换向阀按其阀芯工作位置数目分为二位、三位或多位换向阀；按其阀体上的通口数分为二通、三通、四通或多通换向阀。

（3）溢流阀。溢流阀的作用一是保证系统或回路的压力不超过规定值，二是防止系统过载、保护系统安全工作。

7-15　热风炉液压系统平时要注意哪几点才能基本保证系统的正常工作？

（1）正确选择和使用油液。

（2）正确使用油箱。

（3）合理控制系统使用压力。

（4）防止和及时处理漏油。

做好以上 4 点，就能基本保证系统的正常工作。

7-16　热风炉液压系统对液压油的要求有哪些？

（1）合适的黏度；并具有较好的黏度特性。

（2）质地纯净，杂质少。

（3）润滑性能好，在工作压力和温度发生变化时，应具有较高的油膜强度。

（4）具有良好的防蚀性、防锈性和相容性。

（5）对热、氧化、水解和剪切都有良好的稳定性。

（6）抗泡沫性和抗乳化性好。

（7）可压缩性和体积膨胀系数要小。

（8）流动点和凝固点要低，闪点和燃点要高。

7-17　怎样选择液压油？

选择液压油时，首先确定油品种，一般热风炉用的液压油为石油基油液，再选择黏度等级，液压油的黏度对液压系统工作稳定性、可靠性、效率、温升以及磨损都有显著的影响。选择黏度时应注意液压系统在以下几方面的情况：

（1）工作压力。工作压力较高的系统宜选用黏度较大的液压油，以减少泄漏。

（2）运动速度。当液压系统的工作部件运动速度较高时，宜选用黏度较小的液压油，以减轻液流的摩擦损失。

（3）环境温度。环境温度较高时宜选用黏度较大的液压油。

7-18 热风炉液压系统的油箱有哪些作用？

油箱的主要作用是贮存热风炉循环使用的液压油，显示存油量多少，超出规定范围发出报警信号；另外还有使油液散热、油液温度超过规定范围时给油液冷却、油液温度低于规定范围时给油液加温、澄清油液、分离出油中空气、蓄能器检查时存放蓄能器释放出的油、排除油箱底部的沉淀的脏物。

7-19 正确使用油箱包括哪些内容？

正确使用油箱包括保持正常的油位、保持合理的油液温度，定期检查排放脏物、定期检查蓄能器贮油量、及时更换滤网防止灰尘和杂物进入油箱。

7-20 热风炉液压系统的使用压力是根据什么来确定的？

热风炉系统的使用压力是根据液压元部件承受能力、热风炉工艺需要（比如蓄能器的贮油要求）和传动阀门设备所需要的力确定的；根据压力高、低自动控制油泵启、停的液压站，处于压力低限时，不启泵（停电）要能够按工艺要求完成各阀门的开关作业。

7-21 热风炉怎样做好合理控制液压系统的使用压力？

合理控制液压系统的使用压力要做到：按规定范围使用油压，不随意改变（调低或调高）油压；定期检查验证溢流阀的工作情况，保证系统元部件完好；在特殊情况下必须以提高油压来处理设备故障时，油压不允许超过液压系统的最高故障报警压力。

7-22 热风炉液压系统的仪表、油泵、溢流阀 3 个压力控制由小到大的次序是什么，具体怎样设定？

3 个压力控制由小到大的次序是仪表、油泵、溢流阀。如系统仪表失灵时，油压达到油泵溢流压力就开始溢流，如油泵的溢流同时也失灵，最后就由溢流阀开始工作。设定时先设定溢流阀的压力，设定时油泵的溢流压力要调到高于溢流阀工作压力，调整好溢流阀工作压力后，再调油泵的工作压力，油泵的工作压力调整好后，最后设定仪表的工作压力，油泵的开、停都是通过仪表压力来控制的。

7-23　液压系统漏油包括哪两方面内容，原因分别是什么？

液压系统漏油包括外泄漏与内泄漏两方面内容。

引起外泄漏的原因主要是：不正当的使用（如超运行），密封元件老化，系统内油液中气体过多，压力冲击频繁，油液选择不当（或由于环境温度变化发生黏度下降）等。

引起内泄漏的原因主要是：液压系统执行元件（油缸等）和操作，控制元件（各种液压阀）的机械磨损；内部密封元件的磨损和老化。

7-24　怎样查找热风炉的工艺阀门发生溜阀的原因？

热风炉的工艺阀门到位后关闭该阀门的油缸截止阀，关闭后如还是发生溜阀，那原因就是油缸内活塞上密封圈已损坏。处理方法是更换活塞的密封圈或更换油缸。如关闭油缸截止阀后溜阀现象消失，则是因为单向阀内漏，处理方法是更换这些操纵控制元件或者对其进行清洗。

7-25　液压系统的压力保持不住油泵频繁启动或油泵不停运行的原因有哪些？

（1）蓄能器工作不正常，对蓄能器进行检查，方法是将蓄能器内储存的油放回油箱，检查氮气压力，如果不足应及时补充（这是指皮囊式蓄能器）。

（2）二位四通阀油缸密封圈损坏发生内泄，处理方法是更换油缸或油缸密封圈。

(3) 压力控制仪表故障，到达压力不能停泵。

(4) 油泵溢流控制或溢流阀控制系统出故障，低于仪表压力就开始溢流。

(5) 计算机用手动操作，启动后没有恢复到自动控制。

7-26 怎样检查二位四通换向阀控制的油缸是否内泄？

检查方法有：

(1) 当该油缸控制的阀门处于开位状态时，关闭油缸的进出油管的截止阀，如会产生溜阀就有内泄。

(2) 到液压站控制该阀的换向阀处用手摸进出油管，长时间都有温度差的也有内泄，内泄大时能听到嗞嗞的流油声。

7-27 液压传动的工作原理是什么？

液压传动的工作原理就是帕斯卡定律，即加在密闭液体（或气体）上的压力，能够按照原来的大小由液体（气体）向各个方向传递。

7-28 液压传动与机械传动相比有哪些优点？

液压传动与机械传动相比有如下优点：

(1) 液压传动能在较大范围内实现无级调速，且低速性能好。

(2) 运动平稳，便于实现频繁换向。

(3) 与机械传动、电力传动相比在传递同等功率的条件下，液压传动的体积小、重量轻、结构紧凑。

(4) 操作方便，利于实现自动化，尤其是液、电联合应用，易于实现复杂的自动工作循环。

(5) 液压传动很容易就能实现机械设备的直线运动。

(6) 液压传动是通过管道传递动力，执行机构及控制机构在空间位置上便于安排，易于合理布局统一操作。

(7) 易于实现过载保护。

（8）液压传动的运动部件和各元件都在油液中工作，能自行润滑，工作寿命长。

（9）液压元件已实现系列化、标准化、通用化，便于设计和安装，维修也较方便。

7-29　液压系统由哪几部分组成？

液压系统由以下部分组成：

（1）动力元件。油泵是将机械能转换为油液压力能的能量转换元件。

（2）执行元件。油缸或油马达是将压力能转换为驱动工作部件运动的机械能的能量转换元件。

（3）控制元件。各种阀，如压力阀、流量阀、溢流阀、换向阀等，用以满足液压传动系统所需要的力、速度、方向和工作性能等要求。

（4）辅助元件。各种管道连接件，如油管、油箱、滤油器、蓄能器、压力表等，起连接、输油、储油、滤油、储存压力能、测量等作用。

（5）工作介质。液压油。

7-30　液压传动有哪些缺点？

液压传动的缺点有：

（1）液压传动系统中避免不了油液发生泄漏情况，油液也存在一定的压缩性，不宜用于定比传动。

（2）液压油黏度受温度影响较大，会影响到机器性能。

（3）有空气渗入液压系统后容易引起阀门开关不正常，如动作冷门时发生振动，爬行和噪声等不良现象。

（4）液压系统发生故障不易检查和排除，要求检修人员要有较高的技术水平。

（5）系统传动效率不高。

（6）元件制造精度要求高。

7-31 液压系统有哪些控制阀?

液压系统控制阀主要有:

(1) 方向控制阀。控制油流的定向、换向、闭锁等,包括单向阀、换向阀和液控单向阀等。

(2) 压力控制阀。用来控制系统压力在规定范围内,满足工艺要求所需的油压,包括溢流阀、减压阀、顺序阀及压力继电器等。

(3) 流量控制阀。用来解决系统的变流量与恒流量(热风炉需要的是恒流量),进而使工作油缸(或马达)变速或恒速运动,主要包括普通节流阀、调速阀、溢流节流阀、温度补偿调节阀等。

(4) 组合阀与集成块。为简化系统、实现阀门的无管化连接,常把两个或更多的阀类元件安装在一个阀体内,这就是组合阀,如单向节流阀、单向顺序阀、单向减压阀和换向调速阀等;也可采用集成块,块内钻有油路通道,互相连通,块面可以装阀。

7-32 热风炉新建液压站怎样进行系统的压力试验?

(1) 液压站及管路安装完毕,每座热风炉各阀的电磁换向阀开关方向及相应位置需统一有规律,应进行冲洗合格后经确认方可加入工作介质油,油入油箱应经过滤。

(2) 准备足够的液压油,防止试漏过程中因缺陷大量漏油影响继续试验。

(3) 确认土建、机械电气、仪表及安全防护都具备条件。

(4) 液压站系统试验压力的确定,根据液压站的设计要求及液压泵的工作极限压力,按冶金设备安装工程施工及验收规范规定工作压力的1.5倍。

(5) 压力试验时,油泵启动,先打进泄压阀,先作低压循环,排净系统中的空气。

（6）压力试验时，油温控制在正常工作范围。

（7）试验压力应逐级升高，每升一级宜稳压2~3min，达到试验压力后，持压10min，然后降至工作压力，对阀块及系统焊接进行检查，以无漏油，管道无永久变形为合格。

（8）系统中的液压缸、液压马达、伺服阀、比例阀、压力断电器、压力传感器及蓄能器均不得参加压力试验，必须关闭通往各阀的管路。

（9）压力试验时如有故障需要处理，必须先卸压再处理，若焊接必须达到除尽油液后方可焊接。

（10）泵站运转合格后，应由技改部、炼铁厂确认，填写系统试验记录。然后进入下一步试验，达到正常工作状态。

7-33　简述新建的液压设备试运转方案。

系统的试运转方案为：

（1）液压系统的调试，应在土建、机械、电气、仪表及安全防护确认具备条件后进行。

（2）系统调试一般应按泵站调试、系统压力调试和执行元件速度调试的顺序进行，并应配合机械的单部件调试、单机调试、区域联动、机组联动的调试顺序。如调试可从1号到4号热风炉阀组顺序进行。

（3）各阀的连接调试应在泵站正常压力和工作油温下进行。

（4）各阀的连接前应进行低压排气，排气必须彻底，方法是把油管接在油缸缩进部位，然后连接伸出部位，连接油缸前，油管需进行排油处理，打开阀门将油排出，用容器盛放。

（5）带缓冲调节装置的油缸，在调整过程中应同时调整缓冲装置，直至油缸所带机构的稳性要求。

（6）遵循先低速、后高速的原则，在调试前应先点动。

（7）速度调试完毕，油缸应往复动作3~5次，启动、换向及停止应平稳。在速度运作时，不得有爬行现象。

（8）系统调试应逐个回路进行，即调试一个回路时，其余回路应处于关闭（不通油）状态，单个回路开始调试时，电磁换向阀宜手动操作。

（9）调试过程中，液压站与各阀安装路途较远，应有对讲机联络，并有专人负责。

（10）在系统调试过程中，所有管道应无漏油现象和不允许的振动，所有设备及元件也无漏油现象，所有装置应准确、灵敏、可靠。

（11）在热风炉液压系统调试时，周围不得有明火，上部施工应停止，检查物体有否下垂的可能，有专人负责监护。

（12）液压管路及设备手动调试合格后，由电气专业进行线路核对，保证运转的正常。

（13）要进行断电试验，确定蓄能器阀门是否满足工艺要求。

7-34 皮囊式蓄能器液压站，油泵启、停根据压力高低自动控制要注意什么问题？

液压站一般都配有两台液压泵，一台运行，一台备用。这样的泵站特别要注意把两台泵同时处于手动状态，因为处于这种状态时，压力低于低限位自动启动油泵，但处于手动状态就会不启泵，这样油压会更加走低，碰到紧急停电时，所有液压控制的阀门就无法动作，可能造成严重事故。

7-35 更换油缸时怎样回收缸内的一腔油？

更换油缸时缸内的一腔油比较难以回收，一般都不回收，这样会造成环境污染，留在检修平台上容易打滑，危及人身安全，应加以回收。回收办法是：将油缸置于伸出状态，关闭缩进端的进油管截止阀，卸下油管；将这油缸的电磁阀控制在使油缸缩进的为进油，使油缸伸出的一边为回油，拆除油缸与机械的连接，如是垂直安装靠芯的自重会使油缸慢慢缩进，不垂直安装可靠外部力使油缸缩进。这样油缸的一腔油就会回收到油箱内，加以利用。

7-36　什么是电气联锁？

电气联锁是指在实际生产中要求控制线路中必不可少的条件，当几个条件都具备，接触器线圈才会通电。

7-37　简述改进型顶燃式热风炉的计算机联动试车方案。

联动试车方案为：

（1）热风炉送风转燃烧操作步骤：

1）关冷风阀。

2）关热风阀。

3）开废气阀。

4）均压后（烟道阀前后压差不大于10kPa），依次打开两个烟道阀，关废气阀。

5）开燃烧阀，同时关煤气放散阀。

6）开氮气吹扫阀，吹扫煤气支管，用的氮气量大于$1000m^3/h$，10s开助燃空气切断阀，关氮气吹扫阀。

7）开助燃空气调节阀到点火角度。

8）开煤气切断阀。

9）开煤气调节阀到点火角度。

10）调节煤气、空气调节阀到所需角度。

此时主画面上该热风炉燃烧状态指示灯亮，表示该炉已处于燃烧状态。

（2）送风炉转闷炉操作步骤：

1）关送风炉冷风阀。

2）关送风炉热风阀。

此时主画面上热风炉闷炉状态指示灯亮，表示该炉已处于闷炉状态。

（3）闷炉转燃烧步骤：就是送风转燃烧步骤中的3）~10）操作步骤，操作结束时主画面上热风炉燃烧状态指示灯亮，该炉处于燃烧状态。

（4）燃烧转送风操作，阀门动作顺序如下：

1）关煤气调节阀和煤气切断阀。

2）助燃空气调节阀关到点火角度，继续提供空气，热风炉保持通风。

3）开氮气吹扫阀吹扫煤气支管，10s后关氮气阀。

4）关煤气燃烧阀，开煤气放散阀。

5）关助燃空气切断阀。

6）关烟道阀。

7）申请稳压装置（如没有该装置省去此步骤）。

8）开冷风均压阀。

9）均压后冷风阀前后压差不大于10kPa，开热风阀。

10）开冷风阀。

11）关冷风均压阀。

此时主画面上该热风炉送风状态指示灯亮，表示该炉已处于送风状态。

（5）燃烧转闷炉操作，阀门动作顺序是：就是燃烧转送风操作中的1）~6）的操作步骤，主画面上该炉闷炉状态指示灯亮，表示该炉已处于闷炉状态。

（6）闷炉转送风的操作步骤：就是燃烧转送风步骤中的7）~11）的操作步骤，主画面上该热风炉送风状态指示灯亮，表示该炉已处于送风状态。

（7）阀门间安全联锁关系：

1）热风阀开之前，必须煤气切断阀关到位，倒流休风阀关到位。

2）冷风阀开之前，必须煤气切断阀关到位，倒流休风阀关到位。

3）冷风阀或热风阀关之前，必须有一座热风炉在送风状态。

4）开煤气切断阀之前，必须将助燃空气阀开到位，热风阀关到位，冷风阀和冷风均压阀关到位。

5）开煤气燃烧阀之前，必须将助燃空气阀开到位，热风阀关到位，冷风阀关到位，冷风均压阀关到位。

6）助燃风机故障时，燃烧炉自动停烧。

7）开倒流休风阀前必须将混风切断阀关到位，所有热风炉的热风阀关到位。

第8章 热风炉故障处理及设备维护

8-1 热风炉的故障、损坏一般分为哪几类?

热风炉的故障、损坏一般分为热风炉的耐火材料、金属结构和设备的损坏三类。

8-2 热风炉换炉时操作阀门不能开关应怎样处理?

阀门不能开关的原因很多，可以从以下几方面进行判断及处理:

(1) 观察阀门两侧的压力差是否小于10kPa，否则会造成单面受压。

(2) 确定计算机的开关指令有没有发出。

(3) 检查油压是否满足阀的开关要求。

(4) 到现场观看油缸与阀门开关的连接有没有脱开。

(5) 用手摇动油缸的两根软管，检查软硬情况，如进油软管的发硬，回油管软管发软与门框架上的链条松紧一致，也可以用拆开油缸回油软管放油来判断液压油是否正常；最好是二人配合，一人在现场，一人在液压站，液压站人推动换向阀的撞针，现场人观察该阀的动作情况来判断液压系统有没有问题。如油压系统没问题，问题出在阀体，联系钳工处理。

(6) 用手动推动电磁换向阀的撞针，如阀门能动作，问题就出在电磁阀，通知电工及微机检查处理。如阀门仍不能动作，问题出在换向阀，通知钳工更换。

(7) 如电磁换向阀正常，下一步检查液控单向阀和节流阀。

8-3 热风阀漏水对炉子的危害有哪些?

(1) 热风阀漏水易造成燃烧室热风导出口以下部位耐火砌

体的损坏（指内燃式及外燃式热风炉）。

（2）水吸热蒸发导致燃烧温度、送风温度降低。

（3）热风阀漏水燃烧室下部温度太低，常引起点炉爆震（指内燃式及外燃式热风炉）。

（4）该炉给高炉送风时，湿分大（等于风温降低）造成高炉炉况波动（炉温向凉）。

（5）如是顶燃式硅砖热风炉可能造成拱顶、格子砖严重损坏甚至倒塌。

8-4　热风阀烧坏的主要原因有哪些，如何处理？

热风阀烧坏的主要原因是断水，造成断水的原因有：

（1）进出水管结垢，在冷却水水压变化时发生堵塞，处理方法是敲振水管使结垢脱落或改用软水闭路循环。

（2）热风阀阀板、阀圈内部结垢和沉积物堵塞，局部过热后产生变形或裂纹，将热风阀烧坏，处理方法是对热风阀定时进行排污，最好是改进软水闭路循环冷却。

（3）耐火材料脱落，导致热风阀烧坏。处理方法：热风炉热风阀漏水小时，可关小冷却水等待高炉检修时焊补或更换；大量漏水时要立即更换，如没有备品，可在短时间内改通蒸汽维持（这只是临时措施）；硅砖砌筑的热风炉，要禁止水漏进硅砖区域，发现热风阀漏水要及时更换。

（4）热风炉断水后重新来水时操作不当导致热风阀裂开，热风阀重新来水前应关闭进水阀门，缓慢开水冷却。

（5）热风阀本身质量差，应选择信誉好的厂家购买。

8-5　更换热风阀软管时怎样防止烫伤？

（1）更换时应将其安排在高炉检修中的最后一个项目，停风时间长，热风管道的温度相对比较凉。

（2）准备工作到位。

（3）在拆软管过程中不要断水，软管两头将要拆好时再断水。

(4) 检修人员不要正对热风阀通水口。

(5) 一头安装好时先通一下水，再安装另一头。

(6) 如果是闭路循环冷却的热风炉，可采取先拆开与水管连接的一头，调小冷却水，保持热风阀通水，把新的软管装上，再拆掉热风阀的一头，切断冷却水，快速把新软管装好。如一时安装不好，此时特别要注意热风阀内形成蒸汽喷出，出现软管连接处有水喷出时应立即停止工作，开进、出水阀门冷却一段时间后再断水工作。

8-6 热风炉冷却系统断水怎样处理？

(1) 立即报告工长。

(2) 当热风阀内外水圈出水不正常时，水压、水量减少时应检查水管，如果内外水圈断水，则停止送风和燃烧进行检查处理。

(3) 热风阀断水时，如果出水管冒蒸汽，应及时加备用水，逐渐通水冷却，严禁开水过急，逐渐使出水管流出水，当水温下降时，才允许把阀门开到正常位置。

(4) 如果热风阀内外水圈断水又在送风时，应及时倒换另一座炉子送风或单炉送风，以便处理断水部分，如果阀柄断水时，可在送风时处理。

(5) 如果热风炉冷却系统水压水量减少或停止时，应停止送风。

(6) 当热风炉冷却水压低于规定值时，应优先保证送风炉的水量。

8-7 某钢厂高炉热风炉冷却系统软水闭路循环故障怎样处理？

某钢厂高炉热风炉冷却系统由两台电动软水加压泵、一台柴油加压泵组成。正常生产时，一台电动加压泵使用，柴油泵与另一台电动泵备用。如停电、两台水泵电机同时出现故障，可启动柴油泵进行冷却，如柴油泵也坏可采取自然冷却；如软水系统全部无法使用，汇报炉长采用工业水冷却，恢复软水时要对热风炉冷却系统的工业水进行置换成软水，否则会造成软水污染。

8-8　使用软水闭路循环冷却的热风阀漏水，在没有更换前怎样控水？

控水主要的作用是将进水调小，减少向热风管道内漏水量，由于是闭路循环出水管水压也很高，控水时只要把进水水压控到与出水压一样就行了，否则只是水流量减少，而漏进水量不会减少，会加重热风阀的漏水，如已经确定是热风阀芯漏水，可以拆开出水软管外排再控制进水量。

8-9　热风阀芯大量漏水，停风更换时形成大量蒸汽导致炉前无法工作怎么办？

高炉一停风马上把漏水的热风阀阀芯软管拆掉一处，关闭进出水闸阀（如不是闭路循环只需关进水阀门），注意蒸汽喷出伤人，这样既不会形成大量蒸汽影响炉前工作，也不会对热风管道和热风炉的耐火砌体造成损坏。

8-10　如何判断闸阀的阀板与拉杆脱开？

像大头阀之类的闸阀拉杆与阀板脱开，外表看不出来，但可以用灌风的方法来判断，方法是：把怀疑的阀处于开的位置，其他阀门都处于关闭状态，向该热风炉灌风，如热风炉内压力上升，说明该阀的阀板与拉杆已经脱开，需要停下来处理。如压力没有上升，说明阀板与拉杆没有脱开。

8-11　简述热风短管灌浆时热风阀底部被灌满泥浆的处理与预防。

热风短管温度过高，大部分是利用停风检修的机会对短管进行灌泥浆处理，在这一过程中，很容易造成灌浆太多而流到热风阀底部，造成该阀关不严不能正常使用。送风后发现这样的情况时，处理方法是：

（1）将该炉把风灌满，连续开关热风阀把泥浆砸碎，再使热风阀处于关闭状态（整个炉处于闷炉状态），开一下废气阀把碎粉末带走，这样连续进行直到关得严为止。但是这样操作会造成风压波动，预先要与值班工长联系好，把情况说明清楚，得到工长同意后才能进行。

（2）在热风阀底部的排污阀上安装带小球阀的法兰板（装球阀的头子要垂直装在法兰板中心位置），同时割掉球阀下部平台的钢板（小球阀离平台太近），做好防噪声、防烫伤、防尘等安全工作，最好高炉能降压，将热风底部的排污阀打开，打开球阀，用加工成直角的钢筋伸进球阀，捅碎泥浆。

（3）以上两种方法并用，即热风阀开关几次，再打开球阀排一下，直到关得严为止。

（4）高炉停风拆掉热风阀底板进行清理。

预防措施是：

（1）采取一次灌浆量少、利用多次停风检修机会进行灌浆的方法。

（2）在热风短管上灌泥浆时，把热风阀底部排污阀打开（要防止排污管堵塞），发现排污阀有泥浆流出，马上停止灌浆，等泥浆流完后再关闭。

8-12　热风炉的煤气调节阀、助燃空气调节阀自动调节损坏时怎么烧炉？

热风炉的煤气调节阀或助燃空气自动调节装置损坏时，可以想办法将各调节阀置于合适位置不动（空燃比和流量大小合适），用煤气闸阀和助燃空气闸阀直接控制。用这种方法控制有害之处是刚开始烧炉时空气量、煤气量突然大量进入，混合气体不会马上着火，而产生爆炸性气体产生小爆炸，冲击热风炉的耐火砌体，就容易造成拱顶掉砖、坍塌事故，因此这样操作时间不能太长，要尽快把故障处理好。

8-13　外燃式热风炉燃烧室灌浆时煤气燃烧阀（闸阀）被灌进浆怎样处理？

将该热风炉处于停用状态，卸掉燃烧阀的顶柱螺栓，打开排污阀，用钢筋捅，同时燃烧阀不断地进行开关运动；再在顶柱螺孔处塞入冲水皮管用水冲，带浆水马上从排污阀排出，否则要停止冲水，防止水流到燃烧室，损坏耐火砌体。排污阀有水出来也要注意进出水情况；如此反复进行，直到能把阀关严为止。

8-14　烧炉时助燃风机跳闸会产生什么后果，如何判断，如何安全处理，如何避免事故发生？

本问题有两种情况，分别为单炉供风和集中供风。

（1）单炉供风：

1）烧炉时助燃风机跳闸如不及时处理有可能产生煤气倒串至风机口造成人员中毒，甚至造成煤气爆炸事故。

2）判断方法看风机运转信号，看电机电流，看空气流量及炉顶温度。

3）处理方法：发现助燃风机跳闸后，立即关闭煤气调节阀、煤气切断阀、燃烧阀，把残余煤气抽赶尽，切断电源、检查助燃风机情况通知电工或钳工处理，处理后再进行烧炉。

4）为避免这类故障及事故的发生要定期检查，加强日常巡检，时刻注意观察仪表变化情况。

（2）集中供风：

1）烧炉时助燃风机跳闸如不及时处理有可能产生煤气串到助燃风管道，风机和大量煤气抽向烟道与送风炉漏的空气或送风结束放的废气混合形成爆炸性气体，发生爆炸事故。

2）判断方法：看风机的运转信号、看助燃空气压力、看助燃空气流量、参考燃烧炉拱顶温度；最好是安装停风机的自动报警装置各自停烧设备。

3）发现助燃风机跳闸后，立即关闭煤气调节阀、煤气切断阀、燃烧阀，如正处于换炉时，停止放废气，把残余煤气抽赶尽后再放废气，切断电源、检查助燃风机情况通知电工或钳工处理，处理后再进行烧炉，如不能马上处理好，应启动备用风机。

4）为避免这类故障及事故的发生要定期检查，加强日常巡检，时刻注意观察仪表变化情况。

8-15　高炉检修炸瘤结束后热风炉除尘系统要注意什么？

高炉检修炸瘤结束后，热风炉要对煤气系统的人孔进行检查，看人孔的插销或螺栓有没有松动，如有及时处理好，检查重力除尘器底部有没有灰块或耐火材料堵牢卸灰阀，有要及时清理，有遮断阀的重力除尘器要开关几次后，再检查。

8-16　为什么热风炉的燃烧口和烟道口等易损坏？

拱口的掉砖规律是：首先水平直径两端的砖被压断，而后挤出，当水平直径两端砖被压断后，烟道拱口变形，上碹下沉，呈抽签状脱落，原因有：

（1）烟道拱口的结构不合理。

（2）耐火砖材质，砌筑质量都对烟道拱口掉砖有很大的影响。

（3）废气温度的影响，废气温度越高产生的热膨胀越大。

（4）外力影响，如放废气。

8-17　格子砖下塌和堵塞的原因有哪些？

内燃式热风炉由于燃烧室隔墙大量掉砖后，未及时检修，造成格子砖由破坏口落下，上部格子砖塌陷，如果隔墙的破坏口靠近炉箅子，则造成炉箅子烧坏，使上部的格子砖失去支撑而落下或被挤碎。不管什么形式的热风炉都会因烟道碹的塌落没有及时检修而造成格子砖下塌。

由于破碎的格子砖粉末以及煤气里的炉尘大量地堆集在格子砖表面，在燃烧室对面大墙（内燃式热风炉）附近的格子砖表面堆积最多，以致格子砖格孔堵塞。格子砖的紊乱和高温下格子砖的软化变形也是格孔堵塞的重要原因。

第9章 高炉其他知识

9-1 高炉炼铁的工艺流程由几部分组成？

在高炉炼铁生产中，高炉是工艺流程的主体，从其上部装入的铁矿石、燃料和熔剂向下运动；下部鼓入空气燃烧燃料，产生大量的高温还原气体向上运动，炉料经过加热、还原熔化、造渣、渗碳、脱硫等一系列物理化学过程最后生成液态炉渣和生铁。其工艺流程系统除高炉本体外，还有上料系统、装料系统、送风系统、煤气回收与除尘系统、渣铁处理系统、喷吹系统以及为这些系统服务的动力系统等。

9-2 渣铁处理系统包括哪些部分？

渣铁处理系统包括出铁场、泥炮、开口机、堵渣机、炉前吊车、渣铁沟、渣铁分离器、铁水罐、铸铁机、修灌库、渣罐、水渣池、氧气设施、液压设备、压缩空气、炉前除尘设备及炉前水力冲渣系统等。

9-3 高炉生产有哪些特点？

高炉生产的特点有：

（1）长期连续生产。

（2）规模越来越大型化。

（3）机械化、自动化程度越来越高。

（4）生产的联合性。

9-4 高炉炼铁有哪些经济技术指标？

对高炉生产技术水平和经济效益的总要求是高产、优质、低耗、长寿。其主要指标有利用系数、冶炼强度、燃烧强度、焦炭负荷、休风率、生铁合格率、焦比、折算焦比、煤比和油比、综合焦比和燃料比、综合折算焦比和燃料比、工序能耗、等级评定指标和高炉寿命等。

9-5 高炉炼铁有哪些原料？

高炉炼铁主要原料是铁矿石及代用品、锰矿石、燃料和熔剂等。

9-6 高炉原料中的游离水对高炉冶炼有何影响？

游离水存在于矿石和焦炭的表面和空隙里。炉料进入高炉以后，由于上升煤气流的作用加热，游离水首先开始蒸发。游离水理论蒸发的温度是100℃，但是要料块内部也达到100℃，从而使炉料中的游离水全部蒸发，就需要更高的温度。根据料块大小不同需要到120℃，或者对大块来说，甚至要达到200℃游离水才能全部蒸发。一般用天然矿或冷烧结矿的高炉，其炉顶温度为150~300℃，因此，炉料中的游离水进入高炉以后不久就蒸发完毕，不增加燃料消耗。相反，游离水的蒸发降低了炉顶温度，有利炉顶设备的维护，延长其寿命。另一方面，炉顶温度降低使煤气体积缩小，降低煤气流速，从而减少炉尘的吹出量，对布袋干法除尘不利。

9-7 什么是铁的间接还原，什么是铁的直接还原？

用气体还原剂 CO、H_2 还原铁氧化物的反应称为间接还原。用固体还原剂 C 还原铁氧化物的反应称为直接还原。

9-8 什么是一氧化碳利用率？

一氧化碳利用率是衡量高炉炼铁中气固相还原反应中 CO 转为 CO_2 的标志，也是评价高炉间接还原发展程度的标志。一氧化碳利用率 = 炉顶煤气中 CO_2 质量分数/炉顶 $CO+CO_2$ 质量分数总和。

9-9　哪些因素影响铁矿石的还原速度？

铁矿石还原速度的快慢，主要取决于煤气流和矿石的特性，煤气流特性主要有温度、压力、流速和成分等，矿石特性主要是粒度、气孔和矿物组成等。

9-10　高炉炉墙由哪几部分组成，它们相互之间的关系如何？

高炉炉墙有耐火砖衬、冷却器和炉壳三部分组成。耐火砖衬、冷却器和炉壳三者是相互保护、相互储存的关系，其中任何一部分破损其他两者的寿命也受到影响，而且影响高炉的一代寿命。通过长期的生产实践认识到这三者中冷却器是关键，只要冷却器不坏，高炉将是长寿的，短则 10 年，长则 20 年。

9-11　高炉使用哪些冷却器？

高炉使用冷却器从制造材质上分为含铬耐热铸铁、高伸长率球墨铸铁、钢和铜冷却器 4 种；按安装在高炉内的形式分为卧式冷却板和立式冷却壁，前者有时称为扁水箱，是点冷却；后者有时也称为立冷板，为面冷却。

9-12　高炉冷却方式有哪几种？

高炉冷却方式有工业水冷却、汽化冷却、软水闭路循环冷却和炉壳喷水冷却 4 种。

9-13　铸铁冷却壁烧坏的原因有哪些？

铸铁冷却壁烧坏的原因是多方面的：（1）设计上的原因。（2）制造上的原因。（3）建炉上的原因。（4）生产上的原因。

9-14　高炉强化冶炼工艺操作技术包括哪些内容？

高炉强化冶炼工艺操作技术包括精料技术、高风温技术、高压操作技术、喷吹燃料技术、富氧大喷煤技术、先进的计算机控制技术等。

9-15　什么是高强度冶炼，高强度冶炼必须具备哪些条件？

高强度冶炼就是使用大风量、加快风口前焦炭的燃烧速度、缩短冶炼周期、提高冶炼强度，以达到提高产量目的的冶炼操作。

高强度冶炼必须具备的条件有；

（1）原料条件好，即品位高、强度好、粒度均匀、粉末少。

（2）要有适合高强度冶炼的合理炉型。适度的炉缸大、炉身矮、风口多的高炉有利于强化冶炼，因为这种炉型料柱短，煤气阻力小。

（3）应采用高压、高风温富氧喷吹燃料等技术配合高强度冶炼。

（4）鼓风机具有可以加大风量的能力，同时要减少管道漏风损失。

（5）操作上要根据炉况的变化，采取上下部调节以保证炉况顺行。

9-16　高炉上料系统由哪些设备组成？

现代高炉炼铁生产的供料以贮矿槽为界，由贮矿槽、槽上受料设施、槽下筛分设备、称量设备和向炉顶装料设备输送的料车或皮带机等组成。

9-17　高炉槽下有哪些设备？

高炉槽下的设备用于完成筛除粉末，按料批称量焦炭和矿石，并将焦炭和矿石或送入料车拉到炉顶，或送到集中斗（中间斗）再用皮带送入机送往炉顶。

9-18　高炉生产对炉顶装料设备有哪些要求？

高炉的炉顶装料设备有两个职能：把炉料装入炉内并完成布

料；密封炉顶以回收煤气。因此对它的要求是：

（1）布料均匀，调节灵活。

（2）密封性好，能满足高压操作。

（3）设备简单，便于安装和维护。

（4）易于实现自动化操作且运行平稳，安全可靠。

（5）能耐高温和温度的急剧波动。

（6）寿命长。

目前使用的装料设备有钟式炉顶和无钟炉顶两种。

9-19　什么是富氧鼓风，富氧鼓风有哪几种加氧方式，各有何特点？

高炉富氧鼓风是在高炉鼓风中加入工业氧，使鼓风含氧超过大气含量，其目的是提高冶炼强度增加高炉产量和强化喷吹燃料在风口前燃烧。常用富氧方式有3种：

（1）将氧气厂送来的高压氧气经部分减压后，加入冷风管道，经热风炉预热后送到高炉。

（2）低压制氧机的氧气（低压纯氧气）送到鼓风机吸入口混合，经风机加压后送至高炉。

（3）利用氧煤枪或氧煤燃烧器，将氧气直接加入高炉风口。

9-20　什么是综合鼓风和综合喷吹？

综合鼓风是高风温、富氧、喷吹燃料三者结合的鼓风，常用综合喷吹这个词来表达。

9-21　什么是喷煤热补偿？

高炉喷吹煤粉时，煤粉以70~80℃温度进入炉缸燃烧带，它的挥发分加热分解，消耗热量，致使理论燃烧温度下降炉缸热量不足。为了保持良好的炉缸热状态需要给予热补偿。严格地说，这个补偿包括热量和温度两个方面，即理论燃烧温度维持在所要求的水平和增加炉缸热量收入。最好的补偿措施是提高风温，其次是富氧。

9-22　喷吹煤粉的主要安全注意事项是什么？

煤粉是可燃物质，尤其是挥发分高的烟煤。当煤粉悬浮浓度达到一定范围时，在火源和空气中易燃烧发生爆炸。因此，喷吹煤粉的安全主要是防止着火与爆炸。

9-23　干燥气在制粉过程中的作用是什么，常使用哪些干燥气？

干燥气有 3 个作用：

（1）将原煤所含较高的水分（6%~10%），在制粉过程中干燥到 1%~1.5%。

（2）干燥气体具有一定的运动速度，可运载和分离煤粉。

（3）干燥气能降低制粉系统的含氧浓度，是制粉系统的惰性化。

制粉系统使用的干燥气有燃烧炉烟气、热风炉烟道废气和前两种混合气。

9-24　引用热风炉烟道废气作干燥气时应注意几点问题？

（1）要降低热风炉的漏风率，特别要使烟道阀关严，避免送风期内冷风从烟道阀漏入烟道废气内。

（2）换炉时，由废气阀排出的剩余热风应用单独的管道直通烟囱排放。

（3）优化热风的烧炉达到完全燃烧，并降低烧炉的空气过剩系数在 1.05~1.10。

9-25　什么是高压操作，高压操作的条件和优点是什么？

高压操作就是通过 TRT 或净煤气管道上的高压阀组提高炉顶压力，从而使整个高炉内的煤气处于高压状态。一般认为高炉炉顶压力在 0.03MPa 以上的为高压 。

高压操作的条件是：

(1) 鼓风机要有高压操作的压力，保证高压操作下能向高炉供应足够的风量。

(2) 高炉及整个炉顶煤气系统及送风系统必须保证可靠的密封及足够的强度，以满足高压操作的要求。

高压操作的优点是：

(1) 强化冶炼进程，提高产量。

(2) 可在一定程度上降低焦炭消耗。

(3) 降低炉尘的吹出量。

(4) 可以回收能量。采用炉顶余压发电，顶压越高发电量越大。

(5) 高压以后，对硅的还原不利，而强化了渗碳过程，所以高压有利于低硅铁的冶炼，使生铁碳含量增加。

9-26 高压与常压的转换程序是什么？

(1) 常压改高压的操作程序是：

1) 用蒸汽驱赶回炉煤气管道中的空气后，开回炉煤气阀门。

2) 上料系统实现大小钟均压程序，合上电源。

3) 向鼓风机、热风炉、上料系统、煤气清洗部门发出转换高压操作信号，逐个缓慢关闭煤气调压阀组的阀门，将自动调节阀关到45°位置，辅助调节阀关到炉顶压力的指定位置后，将自动调节阀改为自动。

4) 在转高压的过程中，一般保持与常压相同的风量或根据经验少量加风，转换完毕后根据具体情况增加风量，以维持原压差为标准。

(2) 高压转常压的操作程序是：

1) 向送风机、热风炉、上料系统、煤气清洗部门发出改常压操作规程信号。

2) 将自动调节阀改为手动。

3) 通知风机房减少风量，根据炉顶压力的高低决定减风量的多少，一般应使压差不超过高压的水平。

4）逐个缓慢打开辅助调节阀。

5）如长期常压操作时，要通知上料系统取消均压程序，停止回炉煤气。

9-27　高炉有哪几种基本操作制度？根据什么选择合理的操作制度？

高炉有四大操作制度：

（1）热制度，即炉缸应具有的温度与热量水平。

（2）造渣制度，即根据原料条件、产品的品种质量及冶炼对炉渣性能的要求，选择合适的炉渣成分（重点是碱度）及软熔带结构和造渣过程。

（3）送风制度，即在一定的冶炼条件下选择适宜的鼓风参数。

（4）装料制度，即对装料顺序、料批大小和料线高低的合理规定。

选择合理操作制度应根据高炉的强化程度、冶炼的生铁品种、原燃料的质量、高炉炉型及设备状况等。

9-28　什么是送风制度，有何作用？

送风制度是在一定的冶炼条件下选定合适的鼓风参数和风口送风状态，以形成一定深度的回旋区，达到原始煤气分布合理、炉缸圆周工作均匀活跃、热量充足。送风制度的稳定是煤气流稳定的前提，是保证高炉稳定顺行、高产、优质、低耗的重要条件。由于炉缸燃烧带在高炉炼铁中的重要性决定了选择合理的送风制度的重要作用。送风制度包括风量、风温、风压、风中含氧、湿分、喷吹燃料以及风口直径、风口倾斜角度和风口伸入长度等参数，由此确定两个重要参数：风速和鼓风动能。

9-29　送风制度主要参数在日常操作中的调节内容有哪些？

送风制度主要参数的调节是在炉况出现波动，特别是炉缸工作出现波动时进行的。调节的目的是尽快恢复炉况顺行、稳定，并维持炉缸工作均匀，热量充沛，初始煤气分布合理。

（1）风量。在日常生产中，高炉应使用高炉料柱透气性和炉况顺行允许的最大风量操作，即全风操作，这样即保持高产，也充分发挥风机的动能，消除留有调节余地的放风操作。风量调节应在炉况不顺或料速过快会造成凉炉时采用。必须减风时可一次减到需要水平，在未出渣铁前减风应密切注意风口状况，避免灌渣。在恢复风量时，不能过猛，一次控制在 30～50m^3/min，间隔时间控制在 20～30min。

（2）风温。热风带入的高温热量是高炉的主要热源（收入可达总热量的30%左右），也是降低燃料比的重要手段。高炉生产应尽量采用高风温操作充分发挥高风温对炉况的有利作用，也充分发挥热风炉的能力，要消除热风温度保留 50～100℃作为调节现象。生产中要采用喷吹燃料和鼓风湿度来调节炉缸热状态的波动。在必须降风温时应一次降到需要水平，恢复时要根据炉况接受程度逐步提到正常水平，一般速度在 50℃/h，切忌大起大落。

（3）风压。风压反映炉内煤气量与料柱透气性适应的状况，风压波动是炉况波动的前兆，现在生产中广泛采用透气性指数来反映炉内状况。由于它的敏感性，有利于操作者进行判断，做出及时调节。生产中会出现由高压转常压操作的情况，这不仅给高炉带来产量和焦比的损失，而且还影响炉顶余压发电机组的正常工作。这种情况的出现有炉内原因，例如处理悬料等，但更多的是炉前操作和设备事故，所以加强炉内外精心操作和设备的科学管理，消除隐患，是减少高压改常压操作的重要措施。

（4）鼓风湿度。在不喷吹燃料的全焦冶炼时，加湿鼓风对高炉生产是有利的，而且还是调节炉况的好措施，它既可消除昼夜和四季大气湿度波动对炉况波动的影响，还可保证风温在最高水平。利用湿分在燃烧带分解耗热，用加减蒸汽的办法来稳定炉缸热状态，而且分解出来的氧气还可起到调节风量的作用（1m^3

风加 10g 湿分相当于加风 3%），氢气则可以扩大燃烧带。但是综合鼓风发展后，加湿鼓风的作用被综合鼓风所取代，在大喷煤时不但取消加湿，还要脱湿。

（5）喷吹煤粉。喷吹煤粉不仅置换了焦炭，降低了高炉焦比和生铁成本，而且成为炉况调节的重要手段，即将过去常用的风温、湿分调节改为喷煤量的调节。在采用喷煤量调节时应注意几点：一是要早发现、早调节；二是调节量不宜过大，一般为 0.5~1t/h，最大控制在 2t/h；三是喷煤有热滞后现象，它没有风温和湿分见效快，一般滞后 2~4h，所以要正确分析炉温趋势，做到早调节而且调节量准确。

（6）富氧。在我国富氧首先是作为保证喷煤量的措施，其次是提高冶炼强度以提高产量。目前还很少有高炉专用制氧设备来保证高炉用氧，大部分是利用炼钢的余氧，因此要常用富氧量来调节尚有困难。一般是在喷煤量大变动时，用氧量才作调整，而且是先减氧后减煤，先停氧后停煤。

（7）风口面积和长度。风口面积和风口直径是在适宜的鼓风动能确定后再通过计算确定风口面积和直径。一般面积确定后就不宜经常变动。在有计划地改变操作条件，例如换大风机、大幅度提高喷煤量等应相应改变风口面积。在处理事故或炉况长期失常时也变动风口面积，例如早期出现炉缸中心堆积时就可缩小风口面积。经常采用风口加砖套的办法来缩小风口或临时堵风口缩小风口面积，目的是将煤气引向中心，提高炉缸中心区温度。在炉况改善后，捅去砖套或堵风口的泥。

为了活跃炉缸和保护风口上方的炉墙也可采用长风口操作，一般风口长度在中小型高炉上是 240~260mm，在大型高炉上是 380~450mm，有时更长一些，例如宝钢的风口长度达 650~700mm。为提高炉缸温度，现在很多厂使用斜风口，其角度控制在 5°左右，而中小型高炉有时增大到 7°~9°。

第10章 先进操作法

10-1 利用热风压力检查高炉热风炉热风阀漏水操作法

(1) 适用范围。该操作法适用所有高炉热风炉热风阀的漏水检查与判断，主要解决热风阀长期处于高温环境中漏水少时立即汽化难以发现的问题。

(2) 技术特点：

1) 该操作法改变了传统的只有热风阀漏水大、有漏水症状时才能发现的检漏方法，它能在毫无漏水症状的情况下，哪怕只是一个针眼大的漏点也能及时准确检查出来。

2) 该操作法查漏简单，准确可靠。

3) 除了用闭路循环冷却的热风阀需增一个三通阀外，不需增加任何设备。

(3) 保证措施：

1) 检漏热风炉要有热风压力数据。

2) 闭路循环冷却的热风阀要在出水水包前各水管阀门上部安装好试验用的三通阀门及头子。

3) 进水包的水压表准确。

(4) 操作要领：

1) 送风期检查。送风时由于内外阀圈、阀板都有热风压力，此时把热风阀冷却水水压调低，且要低于热风压力，但要保持出水管满流（闭路循环冷却的热风阀需通过三通阀将出水通往试验头子），看出水中有没有气泡带出，如有说明该热风阀相应的阀圈或阀板已经漏水。

2) 燃烧期检查。主要是检查热风阀漏水的具体部位是靠热风炉一面还是热风总管一面，由于热风炉燃烧期间靠热风炉这面没有热风压力，而靠热风总管一面始终保持热风压力。检查方法同上，如送风时出水有气泡，而烧炉时没有说明漏水部位靠热风炉，反之靠热风总管一面。

10-2　高炉开炉高风温操作法

（1）适用范围。该操作法适用于所有高炉开炉、高炉慢风时的热风炉操作，主要解决高炉开炉、慢风时，出现的热风炉拱顶温度烧不上、烟道温度上升快、风温送不高且波动大、烟道温度高危及热风炉蓄热室支柱、炉箅子的安全和热风炉的寿命等问题。

（2）技术特点：

1）改变了高炉开炉、慢风时为了得到高风温，热风炉抓紧时间烧，烧好后等待送风的传统思想。

2）烧好就送风充分利用热风炉的高温热能，减少高温区与低温区的热量传递，有效降低热风炉的烟道温度，既提高风温，又确保热风炉蓄热室下部支柱和炉箅子的安全。

3）使鼓风在热风炉蓄热室格子砖中产生扰动形成紊流，提高热效率。

4）加强热风炉蓄热室中下部的热交换。

5）充分发挥效率高的热风炉优势，又顾及效率较低的热风炉，使整个热风炉系统风温得到提高和稳定。

（3）保证措施：

1）热风炉的拱顶温度、烟道温度、煤气压力、空气压力、煤气流量、空气流量、废气含氧量分析仪等仪表必须准确、灵敏。

2）热风炉各阀开关灵活、调节灵敏。

3）冷风阀开位大小能够控制。

4）煤气压力在 5kPa 以上，稳定波动小，随时能满足热风炉烧炉的煤气量。

（4）操作要点：热风炉的方位如图 10-1 所示。

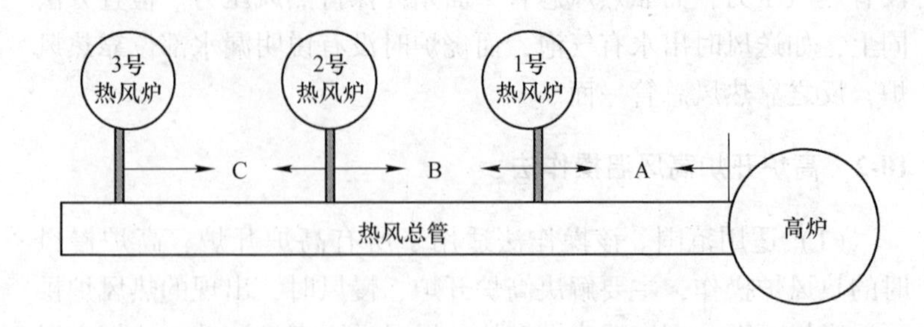

图 10-1 热风炉方位

1）充分利用烘高炉时风温低、风量小的机会，控制好每座热风炉废气温度，减少热风炉蓄热室下部的蓄热量，距高炉最远的 3 号热风炉开始送风，并且在烘高炉期间要相应增加该炉的送风时间，保证高炉烘炉结束时，距高炉最远的热风总管 C 段也烘好，同时把烟道温度控制在较低的水平。

2）在高炉开炉送风前，每座热风炉的烟道温度都应尽量保持在较低水平，特别是距高炉最近的 1 号和最远的 3 号热风炉烟道温度要控制在低位，从距高炉最近的 1 号炉开始烧炉，估计用最小的煤气量、最小的过剩空气系数烧炉，把烟道温度烧到规定值所需的时间定为送风前开始烧炉时间。

3）1 号热风炉烧好后马上开始送风，全开冷风阀、热风阀，距高炉最远的 3 号炉配合 1 号炉送风，全开热风阀、小开冷风阀(或者不开冷风阀只开均压阀)，尽量做到使 1 号热风炉鼓风气流产生扰动、紊流，加强对流传热的效果；使 3 号炉蓄热室下部热量减少，对 C 段热风总管有一定保温作用。

4）1 号炉送风后，2 号炉用最小的煤气量、最小过剩空气系数进行烧炉，当烟道温度烧到规定值时马上改为送风，然后 1 号炉开均压阀配合 2 号炉送风。

5）2 号炉送风后，3 号炉用最小的煤气量、最小过剩空气系数进行烧炉，当烟道温度烧到规定值时马上改为送风。2 号炉开均压阀配合 3 号送风。

6）根据每座热风炉效率高低的实际情况合理控制进入各送风炉的冷风流量，用送风时间和烧炉时间长短加以平衡。

7）经过几个周期烟道温度得到控制后，可根据风温、风量的实际情况相应增加各炉的煤气燃烧量，实现正常双烧单送作业。

8）综上所述，不要烧好炉等待送风，就是要烧好就送风，且尽量使气流产生扰动，充分利用高炉热能提高热效率；不烧不断风，控制烟道温度过快上升。

10-3　硅砖热风炉倒流送风长期保温操作法

（1）适用范围。该操作法适用于硅砖热风炉的长期保温，主要是为了确保热风炉硅砖区域温度不能低于700℃、而烟道温度又不能超过430℃的难题，有效保护热风炉耐火材料，延长热风炉寿命。

（2）技术特点：

1）用较少的高炉煤气烧炉，实现硅砖热风炉拱顶温度900℃的保温。

2）不需要另外增加设备。

3）前期使用循环烧炉保温，中、后期用倒流送风原理降低烟道温度烧炉保温，用高炉煤气量少，经济、合理、安全、有效延长热风炉寿命。

（3）保证措施：

1）保温期间最低煤气压力要保证不小于3.5kPa。

2）保温期间热风炉的设备能正常使用，任何检修项目都要考虑到热风炉的间断性烧炉，反吹送风，要合理安排检修时间。

3）高炉送风装置法兰处堵盲板，确保与热风炉隔绝。

4）助燃风机出口管与距热风炉最近的均压管（靠冷风管道这边）接一根临时接管，供倒流送风用。

5）冷风放风阀靠热风炉这边的法兰处堵盲板与鼓风机隔绝。

（4）操作要领：

1）高炉停炉前不需风温时尽量把拱顶温度烧到最高，但不超过1400℃，控制废气不超过300℃。

2）高炉停炉后当拱顶温度降至900℃进行循环烧炉保温。

3）循环保温燃烧的煤气量约20000m³/h，前期烧炉时间每座热风炉约1h，后期随热风炉蓄热量上升，烧炉时间有所缩短，不到1h烟道温度就会烧到430℃，就以烟道温度烧到时间为准，直到烧0.5h烟道温度就到430℃为止。

4）烟道温度达到430℃后，利用倒流和助燃风机对热风炉进行反吹操作。即拱顶温度降到900℃就进行烧炉，烟道温度烧到430℃就闷炉，拱顶温度到900℃就倒流反吹，反吹时要注意转换区温度，不能低于700℃，拱顶温度反吹降到900℃再进行烧炉，如此反复操作。

5）反吹工艺流程：助燃空气→临时接管→冷风均压阀→热风炉→热风阀→热风总管→倒流阀→倒流管→大气。

10-4 布袋除尘卸灰操作法

（1）适用范围。本操作法适用于干法布袋除尘卸灰及箱体灰位控制，主要解决卸灰阀磨损快、使用寿命短、输灰设备空运行时间长、卸灰时无法保留0.5~1.0m灰层等问题。

（2）技术特点：

1）充分利用每只箱体集灰斗的积灰能力，减少箱体卸灰次数，也就减少了卸空次数，减少了含尘气体对卸灰阀的冲击磨损，延长卸灰阀的寿命。

2）提高每只箱体的积灰量，增加气体的密封性，减少气体泄漏而吹坏卸灰阀。

3）提高每只箱体的积灰量，延长卸灰间隔时间，减少了卸灰阀及输灰设备的空运行时间，从而减少刮板机和斗提机的磨损，也大大节约电量。

4）箱体卸灰前停止反吹清灰，灰卸完后立即进行反吹清灰，确保箱体一定的灰留量，加强气体的密封性。

（3）保证措施：

1）清灰系统和输灰系统自动、手动都能操作。

2）反应除尘器的进出口压差的仪表准确。

3）操作控制室与现场有联系信号或通信工具。

（4）操作要领。

1）确定卸灰间隔时间：

①根据设计的数据，进出口气体的含尘量、气体的流量计算出每只箱体集灰斗积灰量达到最大允许容量时所需的时间。

②以计算时间为指导，联系实际的气流分布不均和灰尘颗粒大小、质量、惯性不同，确定在相同除尘时间内，各箱体的积灰量差别，以积灰多的箱体为参考。

③用小锤敲击箱体的外壳，听声音了解大概的灰位，敲击后如有像钟声一样有长时间的拖音，是没有灰，如像敲击石头一样，没有拖音，一般是有灰部位，将空集灰斗到灰位到允许位置所需的时间指定为卸灰间隔时间。

2）卸灰前、卸灰后的布袋箱体反吹清灰的控制来保持箱体的密封性：

①根据生产实际情况，了解第一次反吹清灰结束到第二次箱体进出口压差到规定值需进行反吹的时间间隔。

②卸灰前布袋上保留一定的灰量，即在卸灰前改自动操作为手动操作，根据卸灰的具体时间决定是否要提前一段时间反吹一次，最好是能控制到灰卸完时刚好压差也到规定值。

③箱体灰卸空关好卸灰阀后，立即进行反吹，确保箱体一定积灰量，加强箱体的密封性。

3）箱体积灰到最大允许灰位，卸灰车不能准时到达的处理：

①卸灰、输灰系统全部由自动改为手动，依次把各箱体的灰卸一部分到大灰仓。依据实际情况，平时灰较多的箱体卸灰时间相对长一些。

②调整好反吹清灰的时间，确保卸灰时布袋上有一定的积灰量。

10-5 灰流量孔板替代给料机操作法

（1）适用范围。本操作法适用于灰流动性好、不易黏结的所有卸灰操作，主要解决卸灰设备给料机使用周期短、磨损快、设备价格高及更换费用高等问题。

（2）技术特点：

1）孔板可以由钳工、焊工自己加工制造，成本及加工费用低。

2）孔板可以根据灰的性质、所需的流速来确定孔径大小，满足工艺要求。

3）更换方便，不需要吊车配合。

4）密封性好，不会像给料机那样出现轴头漏灰、漏气污染环境。

（3）保证措施：

1）卸灰阀后要有波纹补偿器，方便更换。

2）灰要求是干灰，流动性好，不黏结。

3）板孔径比卸灰阀门小。

（4）操作要点：

1）孔板安装部位要离卸灰阀近，一般装在给料机的位置替代给料机。

2）安装部位离卸灰阀较远的，卸灰时要根据实际情况卸完灰后适当延长加湿机开机时间，否则有部分灰会留在加湿机和孔板上，遇水会黏结，堵牢板孔，导致下次卸灰困难。

3）随着孔板使用时间延长，出现卸灰速度增加，不能满足工艺要求或导致加湿机跳闸时要及时更换孔板。

10-6 快速处理干法布袋除尘箱体防爆膜片破裂操作法

（1）适用范围。本操作法适用于高炉煤气干法布袋除尘，主要解决箱体防爆膜片破裂时，要到现场确定是哪只箱体，危险性大，处理时间长，对高炉影响大等问题。

（2）技术特点：

1）判断速度快，准确可靠，处理时间短。

2）不需增加任何设备和费用。

3）不需到现场确认，保证操作人的安全。

4）防爆膜片破裂后，跑煤气时间短，对高炉顺行影响相对减小。

（3）保证措施：

1）干法各箱体的净煤气支管要安装流量测量计，且要求反应灵敏、准确可靠。

2）在微机上能准确显示出各箱体的流量。

3）在微机上能进行操作各箱体的进出口蝶阀，且各蝶阀开关灵活。

（4）操作要点：

1）当出现防爆膜片破裂时，首先在微机上观察各箱体的流量情况，找出哪只箱体的流量最小（防爆膜片破裂的箱体流量减少，另外箱体流量增加基本上都到顶），立即关闭该箱体的进出口蝶阀，这时表现是净煤气总管的压力回升到防爆膜片破裂前的压力，跑煤气的声音逐渐减少到无，另外箱体的出口流量恢复正常。

2）到现场倒好该箱体的进出口盲板阀，通入氮气吹扫（由于防爆膜片已破裂不需先开放散阀）。

3）开箱体放散阀，测定CO合格，更换防爆膜片。

4）按操作规程将箱体投入使用。

10-7 热风炉换炉操作法

（1）适用范围。本操作法适用于热风炉换炉操作，能减少换炉过程风温和炉顶温度的波动，提高风温水平，控制噪声在国标以内。

（2）概述。换炉过程是热风炉一个工作周期中时间最短，但对风温、风压、燃烧、噪声影响最大的过程。在这一过程中一座热风炉要由燃烧转为送风，会引起助燃空气的压力、流量、煤气的压力和流量的大波动，使燃烧炉顶温度快速下降。在送风后期的炉子，蓄热量减少，风温不能满足高炉要求。刚烧好的炉转为送风时，风温快速上升，造成大波动。送风炉转为燃烧在放废气时，噪声超标造成环境污染。针对这些问题，通过生产实践，总结出换炉操作法，解决了实际问题。

（3）操作要领：

1）预留混风调节阀开位。换炉开始时要留一定的混风调节阀开度。

2）合理控制风门。根据燃烧炉停烧时助燃空气的压力变化及时调整风机的入口风门。

3）合理的开混风阀时间。根据热风炉与高炉的距离不同，采用不同的开阀时间与阀的开度。

4）分段放废气。放废气时分两次开阀放废气。

（4）操作分析：

为保连续向高炉送风，不能出现断风，换炉时要先将燃烧炉改为送风炉，在燃烧炉停烧到送风，有一个灌风均压过程，这一过程一号高炉热风炉需 12min。在这时间段仍需要前一送风炉提供风温，因此不能按照传统的等到混风调节阀全关时才开始换炉，要在预留一定的混风调节阀开度的情况下进行换炉。其操作如下：

1）在高炉正常生产时，确定每座热风炉由燃烧转为送风过程中，灌风均压所需的时间。

2）测出每关 1%混风调节阀开度能维持指定风温多长时间。

3）测出混风调节阀的真正零位。

4）依据以上 3 项内容确定换炉时混风阀理论开度值。在实际换炉操作中，再结合换炉时的实际风温，确定混风调节阀的实际开度值。

5）确定混风调节阀的实际开度值后，以后在热风炉烧炉、换炉过程中就以此开度值为基准值进行操作。也就是送风炉混风调节阀达到此基准值时，燃烧炉的废气温度也刚好到规定的最高值，可进行换炉。如再不进行换炉，热风温度就不能满足高炉风温的需要。

按照上述方法进行操作即不会造成热量的亏欠，也不会造成燃烧炉达到蓄热要求后的减烧、停烧，充分发挥热风炉的能力。

（5）合理控制风门。某钢厂高炉热风炉的助燃空气是采用集中供风的方式进行供风，换炉时靠调节助燃风机上的风门大小来控制助燃空气的压力、流量。煤气压力则由高炉煤气调度调节进行控制。针对换炉时助燃空气压力波动大、影响烧炉问题采取的方法是：

1）换炉时首先通知高炉煤气调度，及时调整煤气压力。

2）将停烧炉分 3 次减烧，调节助燃风机的风门，不要一次性关到底，及时对燃烧炉进行微调，保持燃烧炉在高温区进行蓄热。在这一过程要特别关注助燃空气变化和废气含氧量波动。

3）送风炉转为燃烧时，马上选择适当的煤气量进行合理燃烧，尽量缩短烧炉期的升温时间，增加高温区蓄热时间。

合理燃烧升温期（见图 10-2）要比不合理燃烧升温期（见图 10-3）缩短约 35min。燃烧是否合理主要通过燃烧的废气含氧量是否在 0.5%~1.0%（质量分数）之间、拱顶温度上升快慢程度及废气温度上升情况进行确认。如根据这些都找不到合理的燃烧配比，也可以通过燃烧火焰来判断：

①正常燃烧。煤气和空气的配比合适。火焰呈黄色，四周微蓝而透明，通过火焰可以清晰地见到燃烧室的砖墙，加热时炉顶温度很快上升。

②空气量过多。火焰明亮呈天蓝色，耀目而透明，燃烧室砖墙清晰可见，但发暗，炉顶温度下降，达不到规定的最高值，烟道废气温度上升快。

③空气量不足。燃料没有完全燃烧，火焰浊而呈红黄色，个

别带有透明的火焰，燃烧室不清晰或完全看不清。炉顶温度下降，烧不到规定最高值。

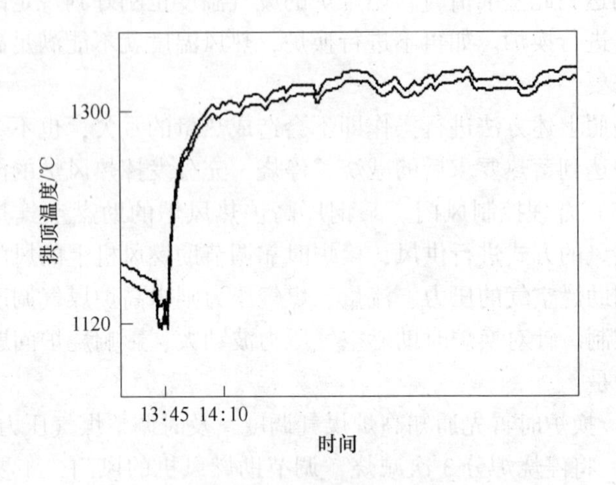

图 10-2　合理燃烧升温期

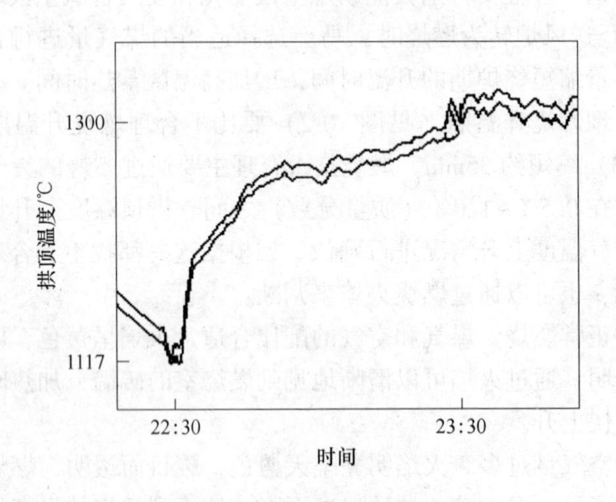

图 10-3　不合理燃烧升温期

（6）合理的开阀时间。热风炉是按照炉号顺序轮流不断地向高炉送风，某钢厂高炉热风炉工艺如图10-4所示。

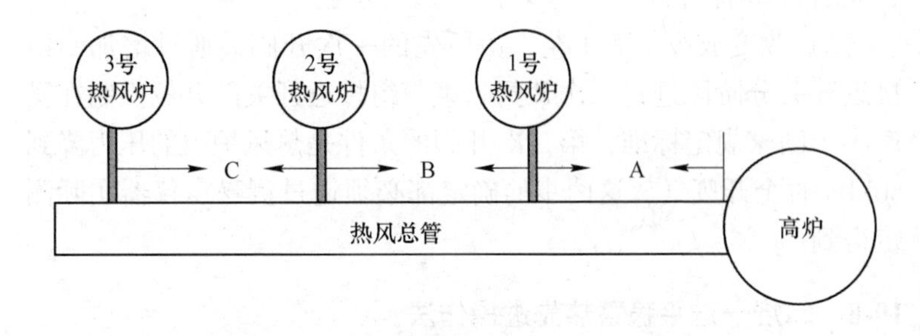

图10-4 某钢厂高炉热风炉工艺简图

当1号热风炉向高炉送风时B段和C段热风总管都在散热，使管内的耐火砖降温冷却；当2号炉向高炉送风时，有部分热风需用于加热B段热风总管耐火砖，B段被冷却的时间是1号炉送风的时间，所需加热的热量较少。3号炉向高炉送风，开始时要用部分热量加热C段热风总管的耐火砖，C段的热风总管散热冷却的时间是1号、2号炉送风时间的总和，所需的加热量多，根据这些实际情况采取的措施是：

1）1号炉由燃烧转为送风时等热风阀全开，刚开始开冷风阀时，就马上把混风调节阀开到与风温相适应的位置。

2）2号炉由燃烧转为送风时要等热风阀、冷风阀全开，才开始开混风阀，开到与风温相应的位置。

3）3号炉由燃烧转为送风时要等送风正常。2号炉转燃烧，关好冷风阀、热风阀后，再开混风阀与风温相适应的1/3位置，过20s左右再开到2/3的位置，再视风温变化情况把混风阀开到与风相适应的位置。这样就能把风温波动控制在5℃以内。

（7）分段放废气。随着社会的发展，人民生活水平不断提高，对环境的要求也越来越高。某钢厂高炉热风炉一般是采用联锁半自动操作，送风转燃烧时废气阀一次性打开，由于炉内压力高、温度高、流量大，与管道系统发生振动共鸣，噪声很大。对这一情况采取的措施有：

1）对废气管与烟道管用白铁皮包覆，白铁皮与管道间填充150mm厚吸音材料。

2）改变放废气的工艺，由原先的一次开阀，通过增加一组接近开关分阶段进行二次开阀。第一组接近开关的开位控制在噪声小于国家规定标准，第二次开阀的条件是热风炉内的压力降到80kPa时全开废气，这两步的确定都必须通过测噪声仪器实际测定得到。

10-8 二烧一送平稳蓄热先进操作法

（1）适用范围。此操作法适用于热风炉蓄热面积偏小、废气温度上升快的高炉，更适用于两段制且需要控制转换区温度的热风炉的工艺操作。它主要是为了提高高炉风温，降低焦比，改善喷吹燃料的条件。

（2）技术特点：

1）烧炉开始到燃烧期结束，煤气量基本不变，改变了传统的烧炉方法：分燃烧主炉与副炉，主炉（先期燃烧炉）大烧，副炉小烧。传统烧炉为热风炉前期使用煤气量少，炉顶温度也低，后期煤气量大的不均衡烧炉法。

2）开始烧炉时，就用与风温相适应的煤气量、最小过剩空气系数把炉顶温度烧到规定值，然后在煤气量不变的情况下保持炉顶温度在较小的范围内波动，进行平稳蓄热。

3）烧炉过程煤气量保持不变，蓄热平稳，避免了大煤气量烧炉时转换区温度上升快废气温度达不到要求、而格子砖表面与格子砖中心温度差大、即蓄热量不足的情况。

（3）保证措施：

1）拥有3座或者3座以上热风炉的高炉。

2）助燃风能力较大，可以根据需要进行调节，煤气管网能力满足烧炉的需要。

3）燃烧器有足够的燃烧能力，且在助燃空气、煤气进行预热或不进行预热的两种情况下都能稳定燃烧，煤气燃烧完善。

4）高炉炉况出现波动时，值班工长能及时提供炉温向热还是向凉、波动幅度大小、加减风温等情况。

5）热风炉的温度表、流量表、压力表、废气含氧量分析仪等仪表灵敏准确。

6）燃烧时煤气压力波动幅度少，为燃烧炉提供稳定的煤气量。

7）煤气调节阀和助燃空气调节阀开关灵活，调节可靠。

（4）操作要领：

1）以一个班为参考，根据热风炉座数、双烧单送的工作制度、高炉所需的风温、热风炉的热效率、煤气的发热值，确定每座热风炉每小时所需的煤气燃烧量。

2）热风炉改为燃烧后，根据煤气压力把煤气量加到计算的煤气量，调节助燃空气量，保持最小的过剩空气系数，最佳的燃烧状态，使炉顶温度快速上至规定值，再进行恒温。

3）分析混风调节阀开度，估计送风炉送风时间长短，及燃烧炉需要控制的转换区温度或废气温度上升情况，确定热风炉的工作周期和换炉次数，使燃烧炉停烧灌风结束时送风炉刚好送风结束，如再延长时间风温就不能满足高炉所需。即当燃烧炉转换区温度或废气温度达到规定值时所蓄积起来的热量，刚好是送风期内放出的热量，不造成热量的亏欠，也不造成达到蓄积热量要求后的减烧或停烧，充分发挥热风炉的能力。

4）在风温满足高炉需要的情况下，尽量减少煤气的燃烧量，防止转换区温度上升过快，而废气温度上不来，这样既能延长燃烧期有利于废气温度的提高，又能减少格子砖中心温度与表面温度的差值，增加了蓄热量，加强了热风炉蓄热室中下部的热交换。

5）烧炉时要做到勤观察、勤调节，借助废气分析仪尽量使拱顶温度恒定在较高的水平。

6）每班对净煤气支管的脱水器进行检查，发现堵塞及时疏通，减少煤气的机械水含量，防止影响煤气的发热值。

10-9　高炉煤气干法布袋除尘低温操作法

（1）适用范围。本操作法适用于高炉煤气干法布袋除尘器（没有升温装置），主要是解决干法布袋除尘器的高炉煤气入口温度长期低于设计的最低限度时，出现卸灰困难、布袋透气性差、进出口压差偏大的问题，以保证除尘系统正常运行。

（2）技术特点：

1）在连续半个月，干法布袋除尘的高炉煤气入口温度低于设计最低温度20℃左右，还能保持高炉正常生产。

2）充分利用干法布袋除尘器现有条件，不需增加另外设备。

（3）保证措施：

1）箱体吹扫用的氮气压力要高于高炉煤气压力表。

2）集灰斗卸灰阀和中间灰斗卸灰阀后要有捅灰装置，卸灰阀气密性好，不漏气。

3）中间灰斗的氮气吹扫系统要保持畅通。

4）集灰斗和中间灰斗检测灰温度的仪表准确灵敏。

5）给料机不能用布袋包裹，手可以直接触摸其外壳。

6）靠灰的自重流动部位要有氮气疏松装置。

（4）操作要领：

1）在提升机头、尾斜桥处开疏松氮气，确保公用输灰系统不堵塞。

2）每天每只箱体都要进行卸灰且要卸空，禁止隔天一放灰。

3）先在计算机上进行卸灰，注意观察集灰斗和中间灰斗灰位测温仪的温度变化，中间灰斗温度升高的箱体灰已经放下，没有变化的箱体堵塞。

4）灰没有放下的箱体，到现场将中间灰斗通入吹扫用的氮气，开中间灰斗卸灰阀，如给料机机壳发热，就是通的，不变则没有通；开集灰斗卸灰阀，阀后的管道发热是通的，不变则堵塞。

5）中间灰斗卸灰阀及管道处理方法由简单到难处理顺序是：用榔头敲振卸灰管—开捅灰阀用钢筋捅—将给料机抽芯。

6）集灰斗卸灰阀及管道堵塞处理方法是：在保证中间灰斗下部卸灰阀及管道畅通后进行，开中间灰斗的吹扫氮气，开集灰斗的卸灰阀，间断开关中间灰斗的卸灰阀，使中间灰斗压力突然降低，把灰带出来疏通堵塞；如果这样无效，则需关闭中间灰斗氮气，卸压力，关闭箱体的进出口蝶阀，开箱体放散阀，开集灰斗卸灰阀，开捅灰阀，进行清堵。

7）高炉煤气含水量多、布袋除尘器进出口压力升高快时，增加反吹清灰次数，必要时可以进行连续反吹清灰。

10-10 硅砖热风炉更换热风阀大盖密封圈操作法

（1）适用范围。本操作法适用于硅砖热风炉热风阀抽阀芯检查或大盖更换密封圈，主要是解决热风阀敞开时间长、吸进空气多、热风炉拱顶降温大影响硅砖寿命、断水时间长烧坏阀壳、烫伤检修人员等问题。

（2）技术特点：

1）热风阀大盖打开后，吸进的空气量少，热风炉的拱顶温度下降慢，对硅砖影响小。

2）不需开倒流休风阀，不会造成高炉风口烧焦炭，影响高炉恢复生产。

3）热风阀断水时间短，不会烧坏热风阀和烫伤检修人员。

（3）保证措施：

1）起重设备能正常使用。

2）配备对讲机或手机通信工具和便携式CO报警器。

3）热风阀进出口冷却水控制阀门开关灵活可靠。

4）热风炉的烟道阀开关大小可随意控制。

（4）操作要领：

1）高炉停风检修前，需检修热风阀的热风炉应处于烧炉状态，尽可能使该热风阀处于低温区。

2）依据高炉停风检修时间长短，尽量推迟热风阀的检修时间，降低热风管道的温度。

3）用行车将热风阀门框架用钢丝绳吊牢，用气割将大盖法兰螺栓割除或拆除。

4）拉起热风阀阀芯，用手拉葫芦固定在门框框架上，关闭热风阀油缸截止阀，拆掉油缸连接软管。

5）做好拆除热风阀阀壳与阀盖冷却水连接管、出水硬管和阀芯冷却水软管的准备工作，切断冷却水，快速拆除冷却水连接管、出水管和软管。

6）通知周围人员撤离，用行车将热风阀的门框架连同阀芯、阀盖一同吊起。

7）注意热气体喷出伤人，测定CO含量，决定是否开倒流休风阀及开位大小。

8）小开热风阀壳冷却水，使之有小部分水外流。

9）开热风炉的烟道阀，调整烟道阀的开位大小，使热风阀的开口处微带负压，即要保证不使热气向外喷，又要确保吸入热风炉的空气最少。

10）把阀盖及阀壳的法兰面清理干净，用黄油把密垫圈固定在阀壳的法兰面上，行车慢慢向下放大盖，快碰到阀壳法兰面上固定的密封圈又没有碰到时停行车，用点动方式调整阀盖位置，使阀盖与阀壳法兰上的螺栓对牢，先在法兰四角上穿好螺栓固定，防止大盖在水平方向上移动，再穿好所有螺栓，放下大盖，保证不使密封垫圈不移动。

11）连接热风阀阀芯冷却水软管，开水冷却。

12）上螺母紧好热风阀大盖法兰螺丝，断阀壳冷却水，快速接好阀盖与阀壳连接水管和出水硬管，开冷却水。

10-11 巧用混风调节阀避免高炉灌渣操作法

（1）适用范围。本操作法适用于所有装有混风调节装置的高炉热风炉、可解决热风炉发生误操作或设备故障引起高炉断风、避免造成高炉灌渣和憋坏风机。

（2）技术特点：

1）在生产中热风炉发生误操作或设备故障关掉送风炉的冷风阀或热风阀造成高炉将要断风时，通过该操作法可重新获得风压，可避免高炉灌渣和憋坏风机事故。

2）该操作不需增加任何设备。

3）恢复热风炉送风时间短。

（3）保证措施：

1）热风炉有冷风、热风压力、冷风流量显示数据或仪表，且显示的数据准确可靠，仪表灵敏。

2）混风大闸处于常开状态。

3）混风调节阀调节灵敏，且能开到全开位置。

（4）操作要点：

1）发现冷风压力不断升高、热风压力和流量不断下降的情况时，要果断地全开混风调节阀。

2）立即停止误关阀动作，同时汇报工长事故情况。

3）如果冷风、热风压差不超过 10kPa，直接把误操作阀打开就可。

4）如果冷风、热风压差太大，误操作阀打不开，就要求工长适当减压到能把该阀打开为止，恢复送风。

参 考 文 献

[1] 周传典. 高炉炼铁生产技术手册 [M]. 北京：冶金工业出版社，2002.

[2] 刘全兴. 高炉热风炉操作与煤气知识问答 [M]. 北京：冶金工业出版社，2005.

[3] 刘全兴. 高炉开炉与停炉操作知识问答 [M]. 北京：冶金工业出版社，2013.

[4] 胡先. 高炉热风炉操作技术 [M]. 北京：冶金工业出版社，2006.

[5] 袁乃收，奚玉夫，李殿明，等. 冶金煤气安全实用知识 [M]. 北京：冶金工业出版社，2013.

[6] 徐海芳. 高炉炼铁技术问答 [M]. 北京：化学工业出版社，2012.

[7] 王筱留. 高炉生产知识问答（第2版）[M]. 北京：冶金工业出版社，2004.